環台小小吃COOK

29道在地美食輕鬆學

余姍青
方冠中
編著

感謝掌廚提供 WÜSTHOF 刀具與 WOLL 鍋具

三叉牌磨刀（32cm）

三叉牌Classic（26cm）

魚、肉、蔬菜皆是用刀型，用途廣泛，最適合作為料理里程的第一把刀。

德國WOLL藍寶不沾平底鍋
（28CM）
煎、煮、炒、炸樣樣行，選用不
沾材質，認明塗料安全認證，讓
料理更加得心應手、更健康！
里24cm湯鍋（4.2L）
燉、大火煮皆宜，料理密不可分好夥伴！
奈米陶瓷鑄造導熱性極佳，超強不沾效
少油好清理更健康！

旅人口中的美味，他鄉遊子的永恆回憶

小吃的美味根植於當地山水，當地的泥土蘊育出他鄉無法比擬的味道。不是食材的不同，更非廚藝技巧所致，實是「一方水土養一方人」，「吃在地」在我們的美食記憶深處總是魂牽夢縈，它向來擁有無法取代的優勢利基。

地方小吃得力於在地人的口耳相傳而馳名，美味經過長時間的蒸餾、留傳，終成為我們與別人口中的特色小吃；空間距離拉大的只是交通動線，而美食美味永遠記得你味蕾的偏好。

旅人口中的美味，曾是他鄉遊子的永恆回憶。拿著這本美味指引，是你回憶思念美食的時候了，小吃不僅僅是小吃，它是無法取代的回憶與味道。幫你找到你曾經懷念的味道，應該是這兩位年輕人編撰這本書最原樸的初衷。

姍青與冠中是我在弘光科技大學餐旅管理系的學生，難得他們有心為旅人、遊子盡心盡力，詳細描繪全台各地的美食地圖，為遊子與旅人稍解思念愁緒。個人甚幸得英才而教之，希望藉由他們的專業，豐富旅人的美味行囊，讓所有他鄉遊子在每次的返鄉憶念之際，心繫媽媽的味道；讓所有的旅人在每次的旅遊中，記著在地的美食線索。

弘光科技大學餐旅管理系主任　王瑞

記憶中的台灣美食承載著的是濃濃的情感

猶記得巷子口那攤大腸麵線，三輪車上的大嬸熟練地將鍋中滑不溜丟的麵線俐落地舀進碗中，親切溫暖的招呼著飢腸轆轆的學童們，那是孩提放學時我最愛的場景與點心。

一碗六塊錢的麵線，點綴著滷地噴香的大腸塊，酸甜的濃郁湯汁在香菜的襯味下、齒頰留香，幸福滿溢在飽嗝的呼氣中。那個美味不只是酸、甜、苦、辣、鹹可以細說道盡，那迴盪期間的幸福滋味，串連著難以復刻的美好時光，隱隱約約地勾勒出那逝去的美好記憶。如今兩鬢斑白的我隨著那依稀還記得的路牌搜尋，似曾相識的巷口早已被綺麗的樓面遺忘，再也觸不著我那魂縈夢牽的繫絆，這是台灣小吃。樸實的食材、簡單的調味摻和著濃濃在地與人情味，這就是在台灣美食中難以汰換的庶民美食，小吃不僅隱藏著豐厚的地域人情文化，更訴說著時代風華的更迭交替，在簞食瓢飲的追憶中更是無可替代的珍饈美食。本人甚感榮幸，能為傳承美食延續文化的兩位新流後進提序，更為台灣特有美食資產盡力深感雀躍，期盼愛閱者喜愛本書並在淺嘗小吃美食的同時，齊為台灣小吃美食文化大力推讚，更勉勵新進後學，美食不僅是杯影燈醉的交輝互映，更是幸福樂譜的圓滑線小吃。

弘光科技大學餐旅管理系教授　吳松濂

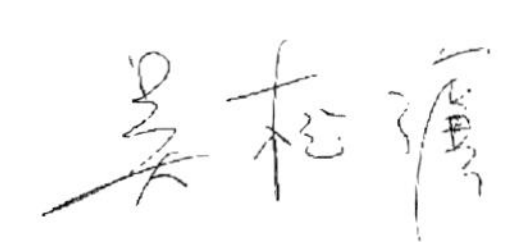

冠中與姍青是本人任職於弘光餐旅系的學生，冠中在學時期便積極致力於菜餚的烹調學習，多次於各項競賽中嶄露頭角，並且榮獲多項國際廚藝大賽獎項，是個對料理有滿腔熱情的學生，畢業後於業界擔任廚師繼續發揮所長。姍青於餐旅系畢業之後擔任本系助教，於工作期間投入各個餐旅相關領域之專業，更進而向上取得碩士學位，目前任教於高職擔任餐飲科專業教師，貢獻於餐旅教育培育英才。

兩位與我相識多年，本次共同出版這本《環台COOK小小吃》，募集了全台各地代表小食，他們秉持著對餐飲的執著信仰，突破了傳統的食譜創作風格，以美食地圖的概念帶領讀者前進台灣的每個角落找美食、吃小吃，讀者更可以試著在家動手做小吃！期待讀者可以一起「眼到－讀此書」、「腳到－找老店」、「口到－吃美食」、「手到－做小吃」、「心到－感動味覺」。

弘光科技大學餐旅管理系助理教授　許凱敦

許凱敦

當聽到冠中跟我說：「昌哥，我要出一本新書了！」當下真的很替他開心，更沒想到他會邀請我幫他撰寫推薦序。

還記得跟冠中認識，是透過我一個選手學生而認識他。後來冠中要退伍時，他請我幫忙介紹鐵板燒的工作，因為他喜歡面對人群，而也是從他這份工作開始，彼此的緣份就持續到現在。冠中是一個對做菜很積極、有熱忱、有想法的人，再來也因為他隻身從嘉義北上打拼很辛苦，所以假使我身邊有任何機會，總會邀請他來試試看，這次冠中更因為母親出版了《環台COOK小小吃》這本書，內容生動豐富，在此也預祝他新書大賣，前途無可限量。

經國管理暨健康學院助理教授級專業技術人員
鐵板燒廚藝顧問
台灣國際年輕廚師協會常務理事
曾志昌

細心品味鄉土情

　　全球化、現代化，台灣與世界接軌了，各地的飲食文化也悄悄地融入了這個小島。爭奇鬥艷，各擅勝場。

　　「小」是甚麼？是簡單、是平價，也是方便，因為這些特點，即使台灣的飲食市場如戰國列強林立，但小吃地位依舊屹立不搖。有人說在大餐中可以看到創意新奇、看到世界發展；那麼在小吃中便可以看到歷史文化、看到鄉土生活。

　　冠中與姍青有理想、有企圖，很關心飲食文化，很愛戀這塊土地，所以有了這本書的誕生。在他們的巧思下，讀者不但可先按圖索驥，品嘗道地美味，還可再按表操課，滿足牛刀小試的快意。

　　細心品味，其實在簡單、平價、方便背後，還牽繫著濃濃的鄉土情啊！

靜宜大學教育研究所助理教授　孫台鼎

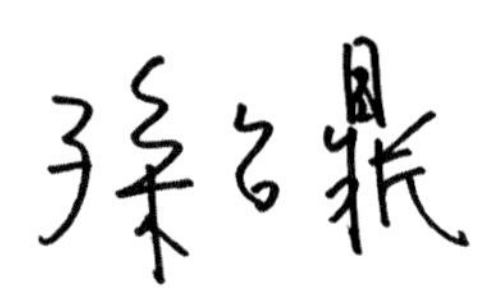

台灣是一個移民的社會，由多族群所構成，因此台灣揉合了多元文化，展現在不同的生活風貌中。其中最能代表台灣的文化多樣性莫過於豐富的飲食文化，尤其是各式各樣的地方特色小吃。彰化縣正好位於台灣中部，山線與海線的交界處，也是多元族群聚集的地方。彰化縣即將榮光建縣300年，而彰化縣的美食小吃也是最能代表彰化縣的文化多樣特色。彰化縣的小吃結合山珍與海味、融合閩南與客家福佬的元素，積累成獨特的「彰化味」。

每個人心中的彰化味都是獨家的印象記憶，而蒐集台灣各地的著名小吃，展現各地特有的風味，是這本《環台COOK小小吃》帶給大家的閱讀與味覺新感受。作者姍青自民國90年即在彰化縣文化局擔任志工，熱心服務民衆並協助各項藝文活動，更於105年獲得彰化縣志願服務銅牌獎。任教於高職餐飲科的姍青，亦在志工成長日時發揮所長，分享廚藝技巧，對於料理的熱情令人印象深刻。此次與冠中共同出版《環台COOK小小吃》，不僅將台灣頭到台灣尾的各地特色小吃囊括在美食地圖內詳細的介紹，更以專業的烹飪知識，整理出小吃的烹調操作步驟，讓讀者除了可以跟著書本來趟美食環島之旅，身歷其境的品嘗台灣小吃中帶來的味覺饗宴外，更能親自動手料理，享受將台灣味內化為專屬自己的幸福味！

彰化縣文化局局長

陳文彬 Akira Chen

攤開一頁食譜與環台旅行手札，在料理間遇見人文感動！

「食譜書」的魅力能有多大？翻開此書，記憶突然湧現－那年，東京表參道，拿著當地食譜書，踏上追隨在地風味的旅程！很開心台灣也將有一本結合「食譜與旅遊」的書籍誕生，就我而言，與其說《環台COOK小小吃》是本食譜書，不如說它是本「用味蕾記錄的寶島旅遊手記」，作者即是導遊，陪伴讀者踏遍寶島台灣的山川秀麗、越過田野小巷，在小吃裡邂逅人生的某段回憶，體會地方人文風情，最後跟著二位大廚們實際操作，料理出專屬於你的幸福小小吃！讀食譜書如此，頓時成了一件既有趣又富有人文深度的雅事。台灣多元的飲食文化與人文風情，著實令人著迷，就如我初見冠中時他眼中閃爍的自信般。本書發行在即，先預祝此書大賣，讓更多人可以在料理間遇見台灣的人文感動，也期許新世代年輕人和身邊工作夥伴們，能與台灣一般，多元包容、秀麗壯美，最重要是實踐的行動力，「自己的幸福料理自己開創！」

聯動媒體集團董事長　陳佑昌

陳佑昌

遇見台灣好吃之美，台灣經典小吃通通都裝進肚子裡！

「台灣，是我心目中最好吃的國家。」書中簡單的料理步驟，在家就能變出台灣經典小吃，讓人躍躍欲試！

作者冠中和姍青，用年輕人的味蕾細細品出一環島旅遊×小吃料理的精華，一本匯集台灣小吃環島景點、美味小吃、經典食譜的實用好吃書籍，從深坑臭豆腐、宜蘭三星蔥油餅、北港鴨肉羹、嘉義火雞肉飯、岡山羊肉爐……等，冠中更以專業的廚師料理背景將繁複的料理過程歸納出簡單的步驟，就在家就能如魔術般變出台灣經典小吃料理，光看此書就讓人食指大動。

無論是想要環島旅遊、成為美食饕客，或是在家料理做美食的朋友，一本書就能滿足三大需求！

數位樂國際行銷總監　梁夢婷

Sara Liang

第一次認識冠中是在寒冷冬天和朋友的薑母鴨宵夜聚會上，從嘉義上台北的他熱情與我分享美食，令我印象十分深刻。

後來與他一起共事，對他總是不斷挑戰自已、研發新菜色和承接廚藝教學以及拍攝食譜等，不停的工作，令我百思不解地問：「你想累死自己嗎？嘗試那麼多的機會會不會太冒險？」他回答我說：「他要挑戰自己。」自此後讓我對他工作投入與努力十分激賞。

當我看到冠中《環台COOK小小吃》一書，冠中用一步一腳印走遍台灣小吃美食並傳授烹煮小撇步，也讓我們可以自己動手做出美味台灣小吃料理。

相信大家從這本書中的字裡行間可以深深體會冠中對於美食分享的熱情，這是一本值得珍藏的台灣小吃寶典，它貼近我們大家日常生活，讓我們一起走出屬於自己的美味台灣小小吃地圖。

大專院校餐飲系講師　羅郁盛

認識冠中是在掌廚展場，因緣際會下擔任了冠中的助理，他是一位年紀輕輕就對自己工作非常有想法的人，這樣的他具備豐富的思考創造力，時常在工作表現上讓大家出乎預料的驚喜，一直都知道這本《台灣COOK小小吃》是冠中想告訴媽媽，自己多年來努力成為她的驕傲，這也是為什麼我會接下當冠中助理一職的原因，彼此互相成長照顧。《台灣COOK小小吃》這本書，是一本當讀者在翻閱時，會立刻引起激發味蕾的興致，跟著冠中書內提到的步驟一步步發掘台灣小小吃的動人美味。

TAKE! I'm方冠中X Food味蕾創辦人　邱想想

▲ 感謝拍攝當日所有工作夥伴，左起:洋蔥、俊諺、耀德、汶芳。

我來自嘉義水上鄉，從小就非常喜歡吃美食，我沒有特殊天賦，只有對料理充滿旺盛的好奇心！能有今天這小小的成就，並不是因為我有過人的才華，我只是比別人花了更多時間研究料理，踏上餐飲廚藝邁入第十年，發現如何做出很棒的料理，「思考力」其實很重要，思考力是發明創造不可或缺的能力，也在不知不覺中一頭栽進了這個無邊無際的領域。

其實我畢業退伍後無法有一般人的娛樂，唸書時期打工，出了社會也曾兼兩份工作，生活過得很忙碌，一方面是想讓媽媽過更好的生活，而從另一個角度想，自己學到想學的經驗比別人多太多了，當中也參與一些比賽，為了就是拓展自己的眼界。

我相信「勤」一定能捕拙！努力不一定會成功，但成功一定要靠努力，不去試，怎麼會知道自己能力到哪？也因為這幾句話，讓我不斷的堅持不放棄。

這本《環台COOK小小吃》，主要是介紹大家認識些不一樣的台灣小吃，帶大家從北吃到南，下廚其實並不難，本書將提供可依循的步驟，讓你從初學者短時間內升級高階者，甚至讓自己不只會做，還能不同凡「饗」！

最後還是想謝謝我天上的媽媽，雖然您沒辦法親自拿到我的書，但我還是會一直努力下去，最後謝謝一路以來的師長、朋友們。

方冠中

台灣從南到北、從東到西，從本島到離島，甚至從街頭到巷尾、從早市到夜市，到處都有小吃可以吃，只要幾個銅板的價錢就能隨時可以吃到小小的幸福美味，哪怕是一份又臭又香的臭豆腐、哪怕是一碗甜滋滋的芋圓。而我們真正吃進心裡的，是感受一份濃濃的「人情味」，那是我們從小到大深植入心記憶中的味道。

大手牽小手走進市場，一起排隊吃一碗小食，一起聽著叫賣吆喝聲!一碗幸福滋味即使是陪伴著家人吃上一碗豆菜麵，眼球裡映著的是家人同桌的倒影，咀嚼著的是滿足的熱烈的愛。我想，這些就是小吃最為令人感動的味道！

我與冠中相識近第八年，第一次認識這個大男孩看見在他的眼睛裡，我發現了他對廚藝所閃爍的每道光芒，甚至認真對待每個值得用心以對的人事物，他帶著一股南部人具備的熱情，那些貫穿了全身上下的血液，每每都讓我驚訝不已。這些年時間的琢磨，歷練了我們，現在各自成為專業的廚師、專業的教師，憑著我們之間不需言說的默契，凝聚了出版這本書的決心，用文字喚起記憶，每張照片提醒著我們一起走過的足跡，每個夜市、每條道路、還有每攤小店的風景，我們迫不及待將它們幻化成為一字一句文字，希望讀者也能透過閱讀，跟著我們一起穿越這本書，跟隨每個文字的瞬間，身歷其境般共同體會飛奔到現場，感覺這樣的一份味道、體會這樣的一份感動；進而透過自己的雙手，在家裡的廚房烹調讓原味重現，一起在餐桌上與家人共同分享這樣的美味光陰。

感謝我親愛的夥伴，感謝弘光科技大學餐旅管理系提供專業教室順利拍攝，感謝掌廚鍋具提供贊助，感謝家人、感謝每個朋友的大大鼓勵。隨著截稿時間越接近尾聲，心底的澎湃越是讓我激動不已! 還要感謝最最真摯的愛，因為有你的力量，在我面對壓力與即將爆發的情緒，得以默默支持與與默默深信著，那些才是引領著我向前推進的最大動力，我知道你已經離開，我來不及在你面前告訴著你，以此我延續了我們愛、堅持了我們的心，從沒放棄過熱情。最後我以此書貢獻於你「北緯23.5」，今年暑假，我們一起領了最珍貴的生日禮物，讓我們在彼此的平行時空下一起為此書展現最得意的笑容。

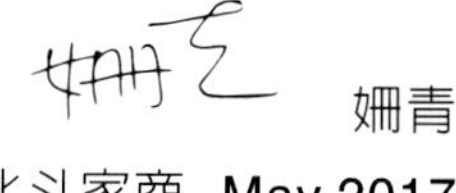

姍青

謹誌於國立北斗家商 May,2017

前　言

台灣頭到台灣尾的千滋百味

「Ilha Formosa」這是台灣在16世紀中期，許多航海路線的開闢，歐洲地區的國家包括葡萄牙、西班牙、荷蘭等國紛紛開始有船隻前往亞洲地區。當時葡萄牙的船隻經過台灣，在海面上遠望，發現這裡島上高山峻嶺、充滿綠意，水手發出對台灣的驚嘆之語。「Formosa」拉丁語系意指「美麗」之意，「Ilha」意指的是島嶼，即台灣為美麗之島。

在我們台灣這樣的美麗之島裡，北至台北、南至屏東，在島嶼的各個角落充斥著各項美味，民以食為天，食衣住行育樂，食為首位，「吃」這件事，在馬斯洛需求層次論中位居最基層生理需求，的確，人們延續生命必須透過飲食，攝取食物中的營養素維持身體的機能，台灣的物種富饒、資源豐富，各地的物產、風土、人文等造就了許多不同的飲食小吃，而小吃多半單價平易近人，有的時候不僅是一種美味的飲食，更有著人們對於故鄉的情感表現。

我們也經常聽見，在地人說「這家麵我從小吃到大的!」，「這碗羹我已經在這裡吃了二、三十年」，又或者聽見「我從一碗15元吃到現在一碗30元」，這樣類似的話都說明著，小吃是紮根在當地，而且是人們生活裡的一部分。

早期人們見面最常聽見的一句問候語「吃飽沒?」這句話在物資缺乏的年代，對多數的人而言，是何等的不容易，吃飯吃東西這件事，僅僅是滿足了肚子不餓。然而現今，「吃」這件事情已經不是只有填飽肚子這樣簡單了，小吃多半就地取材，運用當地獨特生產的物種，在當地往往存在了數十年的傳統，徹底的表現每個地區的生活型態，更是歷史變遷的見證縮影。

台灣最多的人口為福建渡海來台的閩南人，在台灣本島早有許多種族的原住民，隨著國民政府來台，更帶來了中國各地的烹調菜色。使得台灣有閩南人、客家人、原住民，還有所謂「外省人」發展出來的眷村菜，時至今日，因為外籍配偶成員的加入，新住民的菜色更豐富了台灣飲食文化，讓番薯造型的寶島台灣，雖是小小一個，在各個時代的背景之下，造就了許多的飲食變遷與衝擊。

本書記載從北至南的各地代表小吃，從北部繁華閃耀的「北台灣的都會味覺記憶」開始帶領著讀者，依循旅行的腳印找尋每個地方的小吃。我們可以搭著火車環台旅行，以北部作為起點，一路往南前進。來到「中台灣的樂活味覺時空」，天空比起北部多一點藍天，生活的腳步也慢了下來，在地特產與美食的結合越來越鮮明。再往南走，「南台灣的豔陽味覺光陰」，這裡果然是豔陽高照的好天氣，人們跟太陽一樣熱情，人情味跟糖的調味一樣濃厚。繞過中央山脈，山的另一頭「東台灣的後山味覺軌跡」，遠離塵囂的東台灣，風光明媚好景色，當地的農產品與先人開發的人文故事，寫在每個小吃的代表味道裡。

台灣每個地區具備各式各樣的口味文化，從台灣頭到台灣尾更是千滋百味。透過旅行的親身力行，相機按下快門時已經製造了每個地方回憶，拜現代科技所賜，每一張照片透過網路可以立即與朋友們分享開心歡笑的時刻。在地美食串連起當地景點，吃進美食更把回憶吃進心裡，也加深對當地美好風光的另一層印象。讀者除了可以藉由此書找到每個地區的風景，也可以找到當地好味道，在地的美食或許帶不回家，卻可以透過此書的每道小吃食譜，在家裡與家人共同操作，談笑間以輕鬆的節奏，一步一步跟著走，讓旅行中吃到的小吃經典重現，上餐桌前吆喝全家人共同圍繞在一起用餐，一口接一口讓滋味把旅行的感動找回來。

環台COOK小小吃

Contents

Contents

1

北台灣

的

都會味覺記憶

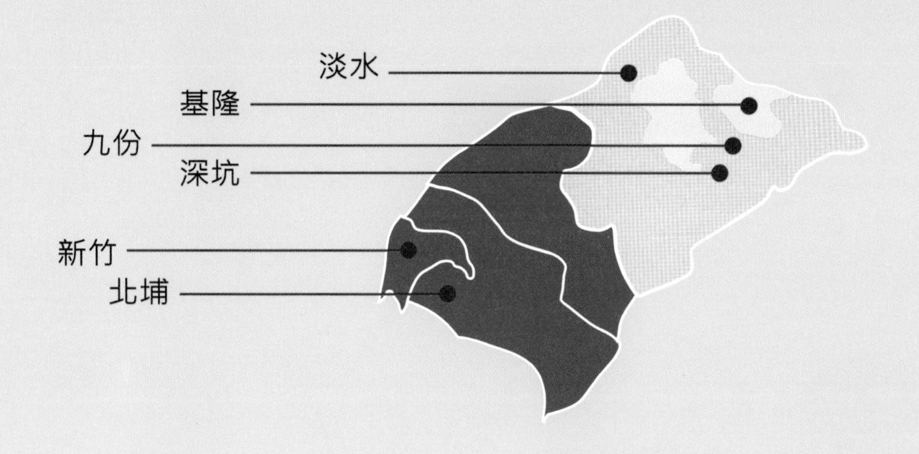

淡水阿給 /
基隆鼎邊銼 /
九份芋圓 /
深坑臭豆腐 /
新竹貢丸 /
新竹米粉 /
北埔擂茶 /

TRAVEL 北台灣の都會味覺記憶

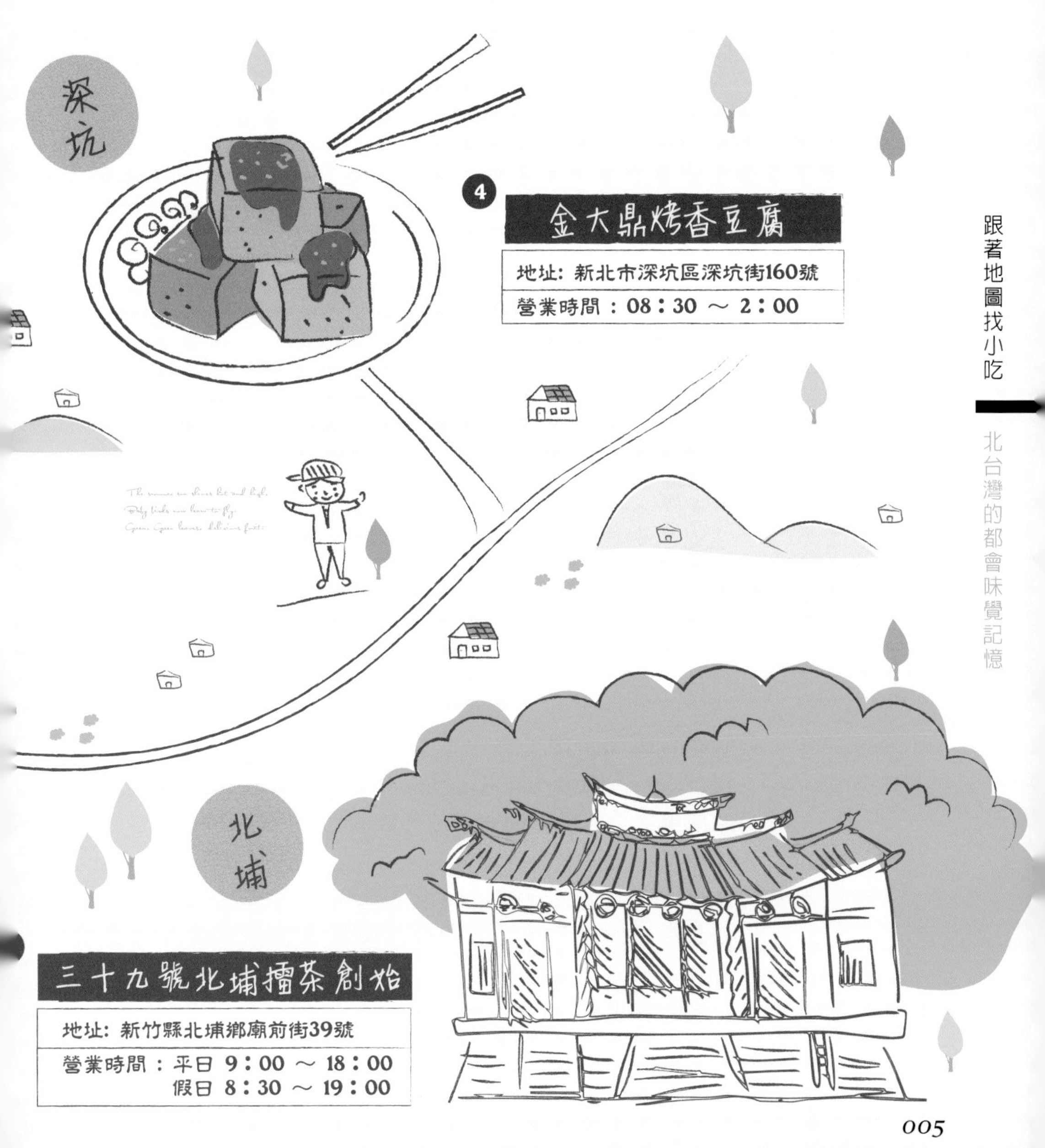

4

金大鼎烤香豆腐

地址：新北市深坑區深坑街160號
營業時間：08：30 ～ 2：00

三十九號北埔擂茶創始

地址：新竹縣北埔鄉廟前街39號
營業時間：平日 9：00 ～ 18：00
假日 8：30 ～ 19：00

TOPIC 01 淡水阿給

▲ 淡水河港的夕陽風光

淡水曾經是台灣八景之一，位於新北市淡水河口，曾經是台灣的第一大港。紅毛城、領事館、小白宮、滬尾砲台等都是具備有歷史意義的古蹟。這是個充滿味道的小鎮，從白天到夕陽西下，都充滿著許多無論是自然風貌與人文歷史的豐翠。

現在到淡水很方便，搭乘台北捷運紅線即可到達，走出口老街就在捷運站的正後方。假日觀光客

▲ 淡水知名景點紅毛城

盛多，不僅可以走路慢慢品味老街風光，亦可騎著腳踏車在大街小巷亂晃，來到漁人碼頭看夕陽，吹著海風冥想，還能夠到周杰倫與桂綸鎂的電影〈不能說的秘密〉裡淡江中學的校園場景走走。老街上有魚酥、鐵蛋、蝦捲、酸梅湯等等，也是到淡水不容錯過的好美味。

阿給，源自日文「あぶらあげ」，簡稱「あげ」。據說有一位受過日本教育的女士，觀察日本人用油豆腐包食物而來的靈感，原因起始於不想浪費賣剩的食材，進而發展出這樣特殊的料理方式。把油豆腐切開，中間填進肉燥、冬粉等配料，再以新鮮魚漿封口再蒸熟，佐上特製的醬料就是我們吃到的阿給樣貌。口感鮮嫩，醬料依據各人喜好還可以配上辣醬；一邊吃阿給，別忘記也要點一碗魚丸湯一起享用，當地的阿給有的一早開始販售，早早賣完就收攤，饕客來享用還得請早，不然是吃不到的。

▲ 淡水漁人碼頭

淡水阿給

份量 1人份

材料

油豆腐	2塊	米酒	15g
冬粉	1把	醬油	10g
豬絞肉	40g	砂糖	適量
魚漿	100g	鹽巴	適量
沙拉油	適量	胡椒粉	適量

醬料

海山醬	50g
辣椒醬	15g
水	50g
太白粉水	適量

做法

1. 油豆腐刀子從角切進去，不要切斷並挖除裡面的豆腐（成口袋狀）(a)。
2. 冬粉泡水，剪對半備用。
3. 油炒香豬絞肉後，再嗆入米酒、醬油、胡椒粉後，加入少許的水調好味道，加入冬粉收汁備用。
4. 將做法3塞入做法1後，用魚漿封口整形(b)，即可放入蒸籠蒸15分鐘熟透即可。

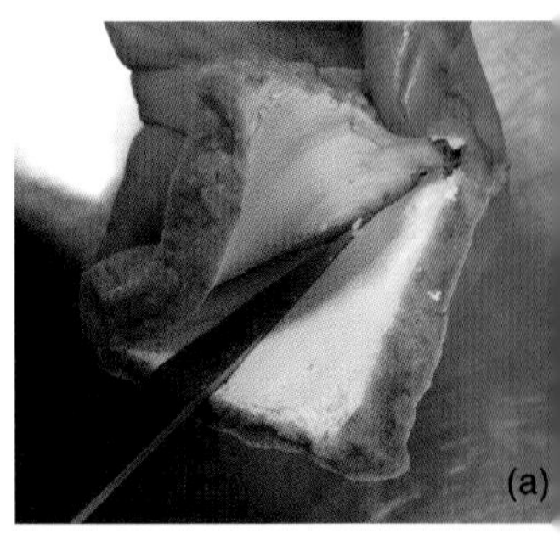
(a)

(b)

醬料做法

海山醬、辣椒醬與水煮沸騰後，即可用太白粉水勾芡即可。

Tips
油豆腐亦可選購豆皮壽司用豆皮，較易整形。

TOPIC 02 基隆鼎邊銼

▲ 基隆廟口聚集了各式小吃，海內外頗富盛名。

基隆位於北台灣海港，基隆廟口鄰近基隆火車站，「廟口」是俗稱「聖王廟」的「奠濟宮」而來，據說在日據時代就已經聚集各式小吃，泡泡冰、營養三明治、天婦羅、鼎邊銼等，遊客來到這必定會來品嘗各式小吃，隨著基隆廟口小吃的盛名，我們逛夜市的時候，不難發現在招牌看版上會出現三種語言，除了我們所熟悉的中文，還有英文與日文，全是因應外

▲ 基隆廟口夜市的攤商，熱鬧開市。

籍觀光客的到訪，方便外籍旅客可以體驗基隆廟口的夜市小吃魅力。

基隆廟口夜市於2010年十大觀光夜市票選為最友善的夜市，夜市已經成為外籍旅客觀光的重點，台灣小吃很多都會出現在夜市，而夜市的聚集，有些是以傳統的市場自然匯集而來，有些圍繞著信仰中心，譬如廟宇，而基隆廟口夜市就是這樣的例子，與人民的信仰凝聚小吃的力量，成為小吃集散地。

「鼎邊銼」，「鼎」為一個大口的鍋子，台語發音。而「挫」，根據吳家鼎邊銼的說明，銼有液態物爬滾的意思，大口鼎燒的火熱、再來米磨成米漿，沿著鼎邊滾一圈，鼎中放一些水，鼎邊用火燒熱，一面蒸一面烤所製成的米食。

口感Q彈的銼，入高湯煮搭配肉羹、香菇、肉羹等配料共同煮成料多豐富的一碗鼎邊銼，有些店家製作鼎邊銼已經有百年歷史，這碗鼎邊銼可說是來到基隆廟口必吃的獨家美食。在製作的過程中家裡如果沒有大鼎可以煮製，也可以利用熱鍋烹煮，加入喜歡的配料，一樣可以吃到一碗香味四溢的鼎邊銼。

基隆鼎邊銼

份量 1人份

材料

A 粉漿

在來米粉	200g
地瓜粉	50g
水	600g

B 湯底

豬五花肉	40g
高麗菜	40g
竹筍	20g
金針花	20g
芹菜	10g
紅蔥頭	30g
小魚乾	10g
蝦米	10g
乾香菇	30g
豬肉高湯	300g

醬料

米酒	適量
鹽	適量
胡椒	適量
醬油	適量
沙拉油	適量

做法

粉漿

將在來米粉、地瓜粉、水攪拌均勻備用。

1. 紅蔥頭切片、芹菜切末、豬五花肉切絲、高麗菜切段、竹筍切絲、乾香菇泡水後切絲備用。
2. 鍋子加入沙拉油煸香紅蔥頭，瀝乾製成紅蔥油備用。

湯底

1. 紅蔥油炒香豬肉絲、香菇絲、蝦米，再加入小魚乾、筍絲、金針花、高麗菜後再加入醬油、米酒、高湯煮滾後調味。
2. 粉漿沿著鍋邊緩緩倒入，遇到蒸氣而凝固就是所謂「銼」。
3. 最後起鍋前再加入煸好的紅蔥頭與芹菜末即可。

Tips

粉漿調製好，亦可將粉漿倒入平底鍋中煎成一大片狀，再切成粗條加入高湯中煮食。

TOPIC 03 九份芋圓

▲ 九份可眺望基隆北海岸風光

侯孝賢導演與吳念真編著的電影〈悲情城市〉，重現了台灣四〇年代的歷史記憶，那個台灣、日本、中國在當時的時空背景彼此的微妙關係，呈現了228事件的敏感議題。這部電影帶動了九份老街的觀光熱潮，更有許多日本觀光客因為〈悲情城市〉這部電影深植於心的印象，把九份列作來台觀光的必訪景點。

▲　九份景致曾傳是宮崎駿動畫〈神隱少女〉的靈感發想場景。

沿著山壁盤旋向上的豎崎路，腳踩著石階左右兩邊各式茶樓小店，日式風格建築的阿妹茶樓可以遠眺北海岸的夕陽景色，到了夜晚景緻更是奪目讓人駐足。電影的場景昇平戲院，在門口似乎可以感覺到一縷縷的懷舊味道，路經蜿蜒的金水公路，金瓜石的黃金瀑布、半山腰的十三層遺址、似海非海的藍黃雙色陰陽海，交織起採礦的產業下曾經興起的一片繁榮。

到九份熱鬧的精華老街基山街，整路店家有的賣著琳瑯滿目、古早味的童玩，也有賣著芋粿、草仔粿、紅糟肉圓等小吃，更赫赫有名的是芋圓這項甜品。攤子裡販售紫的黃的芋圓、番薯圓，和著紅豆、綠豆、大豆的一碗甜湯，覺得天氣熱吃冰的、覺得天氣冷吃熱的，吃著QQ的口感吹著微風，還可放眼望著九份的群山景色，愜意的美好全都跟著甜蜜蜜的芋圓通通吃下肚，一起帶走無限的回憶。

▲ 九份山城，愈夜愈美麗。

▲ 老街上小吃林立，觀光客更是絡繹不絕。

九份芋圓

份量 1人份

材　料

芋頭	150g	地瓜粉	65g
地瓜粉	65g	太白粉	15g
太白粉	15g	水	80g
水	120g	砂糖	30g
砂糖	30g		
地瓜	150g		

糖　水

水	500g
冰糖	30g

做　法

1. 芋頭切片後，蒸熟搗成泥，趁熱加入砂糖攪拌均勻後再加入地瓜粉與太白粉揉成團（視芋頭本身含水量，情況加水）(a)。
2. 整型長條型切小塊後再撒上地瓜粉（防止沾黏）即可備用(b)（地瓜圓做法同上）。
3. 整型好的芋圓即可水煮至熟透，泡冰水備用。
4. 500g的水與30g的冰糖煮成糖水冷卻即可。

(a)

(b)

關鍵操作 QR code

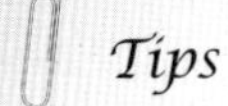

Tips

製作好的芋園，亦可加入其他配料，
如：粉圓、綠豆、薏仁等口味更豐富。

TOPIC 04 深坑臭豆腐

▲ 深坑水質甘甜，加上善用黃豆製成豆腐，才漸以深坑豆腐打出名號。深坑老街主要為豆腐小吃商家所在。

「臭豆腐」，在美國富比士的全球最噁心食物評比中榜上有名，榮烈外國人最怕的台灣食物，豆腐經由發酵的臭氣有些人聞香避而遠之，這種奇特的味道讓許多到台灣旅遊的外國旅客無法接受，台灣人愛吃而老外卻搞不懂台灣人喜歡它什麼樣的味道。

台灣臭豆腐來自中國大陸，是跟隨國民政府來台的老兵所帶過來的，在台灣無論是店家或是夜市會看見許多賣臭豆腐的商家，販售方式有很多，油炸臭豆腐、清蒸臭豆腐、碳烤臭豆腐、還有臭豆腐火鍋等，隨著每個人的喜好不同尋找自己喜歡的烹調味道。

▲ 酥香的碳烤臭豆腐，也是深坑臭豆腐的一絕。

深坑臭豆腐能夠家喻戶曉，最重要的訣竅來自於手工製作，遵循古法鹽滷的方式來製作，又因為這附近的水質甘甜，所製作的豆腐氣味芬芳、質地細緻。在深坑地區有好多的臭豆腐店家四處林立在豆腐街裡，來一趟深坑老街巡禮，吃臭豆腐這件事是一定不能錯過的。

一般家庭在市場上很容易買到未經烹調的臭豆腐，買回家後，要清蒸煮湯，或是油炸的方式都很方便，臭豆腐本身的味道獨特，油炸後搭上泡菜食用，搭配一些醬料，本身就很吸引人一口接一口，尤其是對情臭豆腐有獨鍾的熱愛者。

深坑臭豆腐

份量 1人份

材料

臭豆腐	6塊	白醋	40g	蒜泥	20g
A 泡菜		砂糖	40g	醬油	40g
紅蘿蔔	30g	開水	適量	開水	15g
高麗菜	300g	炸油	適量		
鹽巴	10g				

（右欄為醬料）

做法

1. 油鍋升溫到160度，臭豆腐對切成三角形後，炸約2分鐘膨脹撈起。
2. 油溫再升溫到200度，將臭豆腐回鍋炸到酥脆即可。

泡菜

1. 紅蘿蔔切絲備用，高麗菜剝約5公分大小，加入鹽巴攪拌均勻放置30分後，使蔬菜脫水後再用開水洗淨擠乾備用。
2. 白醋與砂糖攪拌均勻後，加入蔬菜置於冰箱醃製一個晚上即可。

醬料

蒜泥與醬油與開水攪拌均勻即可。

Tips

1. 炸豆腐：炸完第一次的豆腐一定要再回炸一次搶酥，這樣臭豆腐才能放久且酥脆。
2. 醃泡菜：醃製泡菜時，以飲用水沖洗泡菜較不易腐敗。
3. 深坑臭豆腐其實當地有很多種口味做法，這次食譜上舉例的則是最普遍的臭豆腐做法。當然還有很多很棒的口味，例如清蒸與麻辣，以及用竹籤串起來抹上醬料下去燒烤的口味。讀者也可以再開發自己喜歡的口味。

關鍵操作 QR code

TOPIC 05 新竹貢丸

▲ 秋天九降風以新竹地區最為知名，因此新竹素有「風城」之稱。而新竹新埔柿餅就是在這樣的氣候條件下造就的地方特產。

台灣的第一個科學園區位於新竹，是台灣高科技代工產業的重鎮，有台灣矽谷的稱號，這裡位居苗栗以北桃園以南的地區，有一部分的客家人口，也有一部分的外省人，目前大多以閩南人最為多數。新竹當地的九降風特別強，因此新竹也有「風城」的封號。

遊客來到新竹，都會來到城隍廟前打牙祭，城隍廟與觀音亭、外媽祖宮並列為新竹三大廟。尤其來到城隍廟，附近的小吃自成一個商圈，郭家潤餅、王記蚵仔煎、阿城號炒米粉、鄭家魚丸燕圓等，都是在城隍廟周遭可以飽餐一頓的美食。

新竹著名的小吃，貢丸、米粉、肉圓號稱為「小吃三劍客」。貢丸的「貢」字，閩南語發音為「摃」，語意「捶」；而「丸」，指的是捏成的形狀。所以有看見新竹貢丸，會寫成「摃丸」。早期是以肉塊像搗糯米的方式捶打成肉漿，再將其捏製成丸狀，入水中煮熟製成肉丸。現代的做法則把豬肉剁成肉泥，調味用力摔打讓肉泥產生黏性，肉泥以手擠製成球狀，放進煮開的熱水中煮熟成貢丸。再佐以調味湯的味道，切一些芹菜或是香菜就是一碗熱騰騰的貢丸湯。

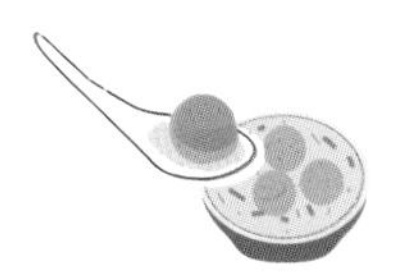

▲ 新竹城隍廟

▲ 新竹新埔柿餅的製作過程

▲ 新竹南寮漁港因為寶可夢風潮成為熱門的觀光景點

跟著一起做

貢丸湯

份量 6人份

材料

豬後腿瘦肉	300g	芹菜	5g	B 湯底	
豬肥肉	100g	鹽巴	5g	沙豬骨湯	300g
A 調味料		砂糖	8g		
沙拉油	適量	白胡椒粉	1g		
乾香菇	30g	蛋白	10g		

做法

1. 將豬後腿肉與肥肉用調理機或是請肉販用絞肉機絞碎備用，加入鹽巴打至產生黏性。
2. 將砂糖、胡椒粉、蛋白加入肉泥中攪拌，最後加入泡水切絲乾香菇。
3. 另外取一鍋水煮至65度左右轉小火，將肉泥擠入溫水中備用（手沾沙拉油防止沾黏）(a)。
4. 將火轉中火煮12分鐘，將肉泥煮至熟透即是貢丸。
5. 將豬骨湯煮至沸騰調味後，即可加入貢丸與芹菜。

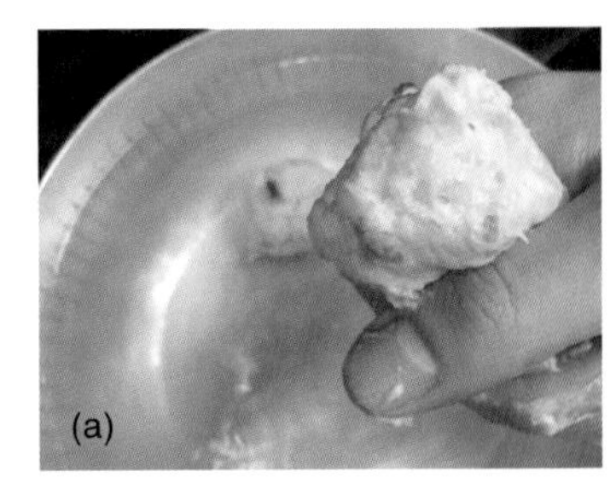
(a)

Tip

做貢丸時，鹽巴先入絞肉攪打與蛋白質結合產生黏性，再下其他調味料調味。烹煮時，注意水溫勿超過70℃，否則肉質容易硬化。

TOPIC 06 新竹米粉

▲「新竹米粉」是一種在有利氣候條件下的產物，以前新竹米粉主要是用米作為原料，現今因口感需求已改玉米澱粉為主原料。

新竹冬天強勁的風吹起了一陣又一陣的九降風，讓新竹自古以來就有「風城」的別名。在先天環境條件下，一年裡十月到十二月的東北季風最為強烈，且又新竹處於背風面，因此雨量不多，在風強雨少的條件之下，成為風乾米粉的良好條件。

北方人飲食以麵食為主，南方為魚米之鄉，飲食習慣多以米食為主。根據《新竹市志》的記錄，「米粉」的起源為：「當五胡亂華，華人南遷閩浙時，仍以稻米榨條而食，即當今之米粉也」。南方的米食文化發展出許多米食的相關產品，米糕、粄條、粿，各式糕類等等皆是，隨著各地的地貌與生活型態的不同，各自擁有發展的路線。

根據老一輩的說法，新竹人還會區分「水粉」與「炊粉」兩種，比較粗的稱為「水粉」，又稱為「粗米粉」，比較細的稱之為「炊粉」，又稱「細米」。米粉含水量低，保存容易，一般家庭可以預備，隨時可以烹調上桌，米粉的烹調上可以做「台式米粉炒」， 或是「米粉湯」，家庭裡配料的選擇上配料無須複雜，切個香菇、紅蘿蔔絲、芹菜等即可上桌。想要更豐富點，金瓜米粉，或是芋頭米粉湯，都是常見的米粉菜餚。

▲▶ 假使搭乘火車遊台灣，首推人氣最高的內灣支線鐵道。內灣老街位於新竹縣橫山鄉，這裡曾是當地林業與礦業的集散地，資源與物產極為豐富。內灣推薦的景點有內灣鐵道文化、廣濟宮、內灣派出所與內灣戲院等。

新竹米粉

份量 6人份

材料

米粉	200g	乾香菇	30g
紅蘿蔔	40g	高麗菜	40g
木耳	30g	紅蔥頭	20g
豬里肌肉	50g	蝦米	20g
蔥	40g	香菜	10g

調味料

醬油	適量
沙拉油	適量
米酒	適量
胡椒粉	適量
砂糖	適量

做法

1. 米粉以滾水大火燙過撈起，拌點油蓋著悶Q，再剪兩段備用。
2. 紅蔥頭切碎、高麗菜切絲、乾香菇泡水後切絲、蔥切段、木耳切絲、紅蘿蔔切絲、豬里肌肉切絲、蝦米泡水備用。
3. 少許沙拉油炒香紅蔥頭，加入蝦米與香菇、肉絲、高麗菜絲、木耳，炒香後加入醬油、砂糖、胡椒粉與水，調好味道後加入米粉與蔥段。
4. 炒上色後放入香菜點綴即可(a)。

(a)

Tips

製成炒米粉或是湯米粉可以依喜好與各式配料調整。

TOPIC 07 北埔擂茶

▲ 北埔一級古蹟「金廣福公館」，是清朝開墾業務辦事處。

新竹的北埔老街在短短的200公尺內，居然就出現了七座的古蹟，除了古蹟外，這裡還有濃濃的客家文化，我們走在街頭的店家到處會聽見他們嘴裡講的客家話，別懷疑你是否來到了國外，只是我們走進了客家庄。

擂茶的材料烏龍茶、抹茶、黑白芝麻、南瓜子、薏仁與米香等，堅果類炒出香氣，透過研缽與研杵，在研磨的碰撞過程中，堅果的香氣比起火力炒焙過，因為力量的研磨，香氣更為出色，再透過熱水沖入，冬天裡暖暖的一碗茶，暖心又暖胃。在北埔街頭也有些店家可以藉由手做體驗製作擂茶的樂趣，透過自己動手做的過程，多了在這裡旅遊的紀念，擂茶更可以依據各人喜好，喝冷飲或是熱飲。

除了擂茶，東方美人茶也是當地的代表茶飲，我們在老街的街上還會看見屬於客家的一口菜包，與各式醃製醬菜販賣的店家。粄條、客家小炒這類餐廳將客家人在傳統飲食上，樸實勤儉的傳統美德充分表現出來，走一趟北埔老街，旅人可可細細品嘗。

▲ 北埔一級古蹟「天水堂」，為北埔街上最大的民宅。天水稱號來自中國甘肅省通渭縣天水郡，姜氏家族起源於天水郡，源遠追流不忘本旋以為堂號。因姜家後裔仍居民於古宅之內，故未開放參觀。

北埔擂茶

份量 3人份

材　料

花生	100g	南瓜子	20g	烏龍茶葉	10g
米香	60g	抹茶粉	10g	薏仁	10g
白芝麻	30g	砂糖	20g		
黑芝麻	10g	熱水	500g		

做　法

1. 堅果類事先以乾鍋炒出香氣。
2. 取出一個缽，加入花生。
3. 南瓜子、薏仁磨碎(a)。
4. 陸續再加入白芝麻、黑芝麻、茶葉、抹茶粉與砂糖再磨成更細的粉末(b)。
5. 飲用前將研磨好的粉末以熱水沖進去缽裡。
6. 慢慢攪拌後加入一半的米香泡軟。
7. 最後再裝飾另一半的米香。

(a)

(b)

Tips

研磨好的擂茶配料，用熱水沖泡會更香醇、層次更豐富；天氣炎熱，加入冰塊成為冰擂茶也有另一番風味。

2

中台灣

的

樂活味覺時空

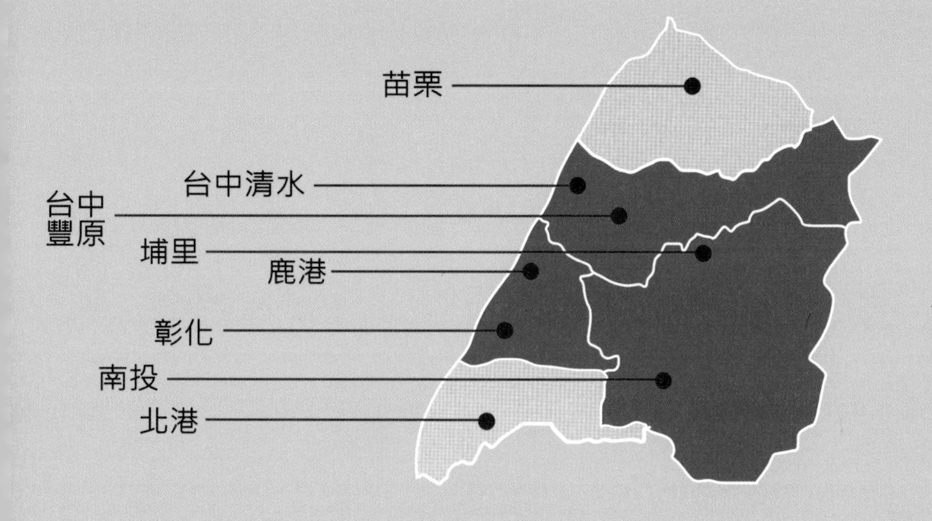

客家粄條／
彰化肉圓／
鹿港蚵仔煎／
清水筒仔米糕／
豐原排骨酥麵／
南投意麵／
北港鴨肉羹／

TRAVEL 中台灣の樂活味覺時空

Time to get your bathing suit!
Winter, spring, summer, fall.
I like summer best of all.

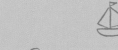

筒仔米糕

4

豐原廟東清水排骨麵

地址：台中市豐原區中正路167巷2-10號（媽祖廟旁）
營業時間：每日 11：30 ～ 24：00（不定休）

5

阿財米糕

地址：台中市清水區西寧路105號
營業時間：10：00 ～ 20：00(周一公休)

TOPIC 08

客家粄條

▲ 苗栗大湖鄉草莓園

除了新竹北埔，來到苗栗，也是個充滿濃濃客家風情的客家莊。苗栗我們會想到三義木雕街、四月雪的油桐花，以及更有深具人文代表的客家大院。

客家人節儉又勤勞，米食是生活不可或缺的主食，為增加米食耐久的保存條件，他們把在來米磨成米漿，再將米漿蒸熟，延伸製作出「粄」這樣的食物，更發展出許多粄的食品，如紅粄、鹹粄、甜粄、艾粄、新丁粄等，不僅是日常食用，也會出現在特殊的節日上。

而粄條更是客家美食的代表，也就是台灣民間所常見的「粿仔條」，雖然粄條不僅僅是出現苗栗，也會出現在北埔、六龜、美濃等的客家莊。

▲ 客家花布上頭鮮豔而華麗的大朵牡丹，象徵著喜氣與富貴。而如今客家花布不僅僅只是客家代表，也是台灣花布代表。

▲ 「客家小炒」為中國傳統客家菜餚「四爈四炒」之一，在台灣是十分受歡迎的客家菜餚，傳統做法會使用豆乾、五花肉、魷魚、芫荽、芹菜、蔥與醬油，演變至今，亦會加入蝦皮、紅辣椒、蔥段等提味。

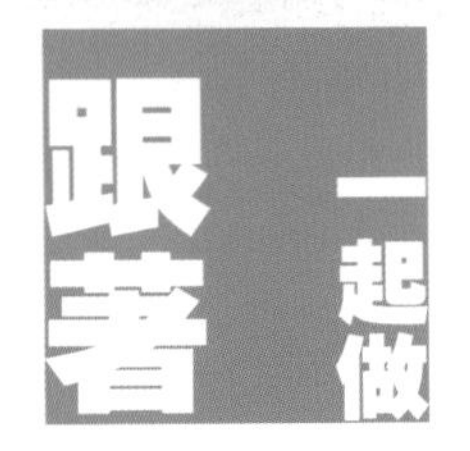

客家粄條

份量 1人份

材　料

板條	2塊	韭菜	20g
梅花肉	100g	豆芽菜	20g
蝦米	20g	蔥	1ea
乾香菇	40g	紅蔥頭	30g

調味料

米酒	20g
醬油	30g
胡椒粉	適量
鹽	適量

做　法

1. 將板條切成條狀(a)、梅花肉切絲、蝦米泡水、乾香菇泡水切絲、韭菜切段、蔥切段、紅蔥頭切片。
2. 炒香紅蔥頭、蔥白至金黃，再炒香蝦米與香菇、肉絲、韭菜，再加入米酒、醬油、糖、鹽、胡椒粉調好味道。
3. 加入少許的水，再加入板條炒均勻(b)，起鍋前加入豆芽菜與蔥段。

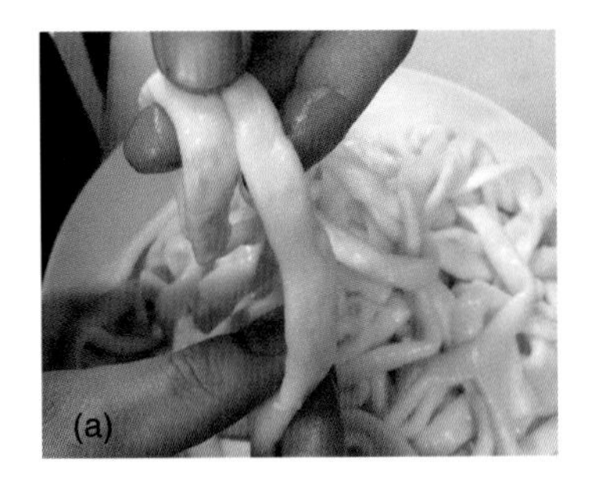
(a)

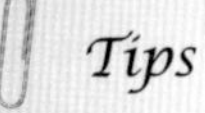

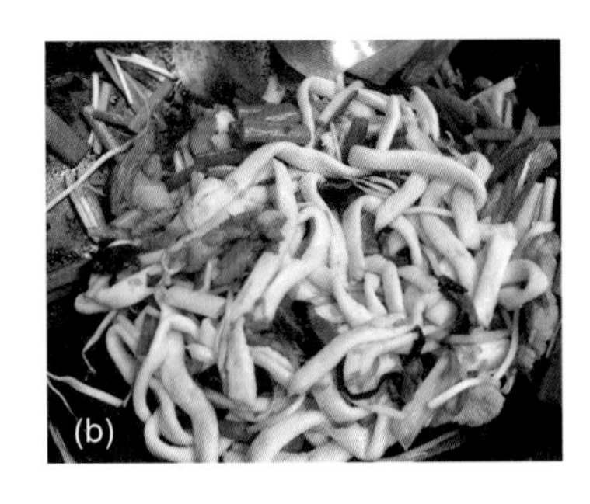
(b)

Tips

粄條配料可以是方便取得的各項食材，炒粄條口感Q彈，做成粄條湯也是一種呈現方式。

TOPIC 09 彰化肉圓

▲ 高鐵行經彰化平原，沿線幅員遼闊、風光明媚

九把刀小說並由其所執導的電影「那些年，我們一起追的女孩」，是近年來國片賣座的電影之一。柯騰腳踩著腳踏車，嘴巴開始說著自己的年少，在電影場景裡我們看見了彰化的大街小巷，他們吃著阿璋肉圓、八寶冰，這些與沈佳宜的故事起點就是在彰化。

彰化舊地名為「半線」，這個位於山海線鐵路交會的地方，扇形車庫是全台碩果僅存的鐵道歷史遺跡，不僅鐵路交會，這裡更是人文薈萃，教育、文化融合聚集，著名的台灣文學作家賴和也是彰化子民。彰化令人聯想起八卦山大佛，這是彰化的代表地標，更是昔日全台八景之一。走在八卦山下，孔廟前喝著香濃的木瓜牛奶大王的木瓜牛奶，望著山頭就可以看見大佛，大佛眼下庇蔭了多少彰化子孫。

彰化為小吃原鄉，彰化三寶「肉圓、爌肉飯、貓鼠麵」，道出了彰化的美食印象，我們可以在大街小巷看到各個店家賣著肉圓，天氣熱更可以看見有「涼圓」的蹤影。一大清早的彰化人可以吃上一碗紮實的爌肉飯當早餐，米飯上澆淋著肉汁搭上一塊爌肉，吃完了有力氣好上工；也可以在深夜時刻在魚市吃到爌肉飯當消夜果腹。接著在陳陵路上吃到一碗由身材瘦小靈活，人稱「老鼠」的創辦人研發的「貓鼠麵」。彰化小吃從清晨吃到半夜，任何時間都可以聞得到、吃得到各式美食。

▲ 彰化扇形車庫，呈十二股道放射狀為一座半圓弧狀車庫。

◀ 彰化鹿港古蹟「鹿水草堂」

▼ 彰化王功夕陽

彰化肉圓

份量 6人份

外皮粉漿		餡料		醬料	
細地瓜粉	250g	豬絞肉	150g	醬油	15g
在來米粉	50g	筍乾	80g	米酒	20g
太白粉	50g	油蔥酥	30g	五香粉	適量
水	270g	乾香菇	40g	胡椒粉	適量
				太白粉水	適量
				沙拉油	適量

做法

粉漿

將所有的粉類混合後，將水倒入攪拌均勻後，以小火加熱持續攪拌，煮至濃稠放涼備用。

餡料

1. 香菇泡水切丁、筍乾切丁，以油炒香豬絞肉後，再加入香菇丁與筍乾丁，與醬油、米酒、五香粉、胡椒粉、油蔥酥炒香，加入少許的水勾薄芡即可。
2. 取出小碟子抹上薄油，將粉漿抹平，再鋪上一層炒料，再填上一層粉漿包覆在炒料上面，連同模型放入蒸籠以中大火蒸熟即可(a)。

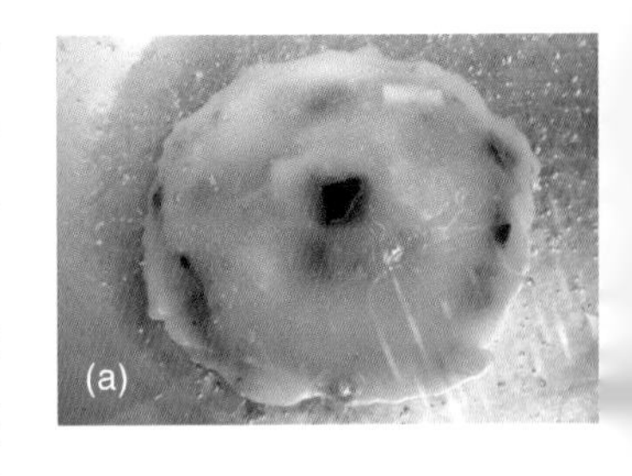
(a)

Tips

1. 油炸的肉圓，用油溫100℃保溫油泡即可。
2. 彰化地區還有「北斗肉圓」這一種肉圓，肉圓的外皮上三道招痕為北斗肉圓的特殊造型，更有吃「冷肉圓」的「涼圓」。

TOPIC 10

鹿港蚵仔煎

▲ 彰化鹿港天后宮，是鹿港地區的信仰中心，是台灣唯一奉祀湄洲祖廟開基媽祖神尊的廟宇，現為國定古蹟。

「一府二鹿三艋舺」，在鹿港三步一小廟，五步一大廟，「老街、廟宇、蚵仔煎」，是假日來到鹿港熱鬧滾滾的畫面，天后宮附近虔誠的信徒四面八方而來，到了廟埕就會看見一家又一家的蚵仔煎，參拜媽祖之後，在廟埕就可以來上一份蚵仔煎，在滿足口腹之欲前，肌膚吹著微微的海風，感同身受這樣的養蚵文化。

鹿港養蚵的歷史悠久，連帶台灣西南沿海一帶雲林、嘉義、台南等地都有養蚵人家。在鹿港沿海仍有些漁村聚落，我們會看見頭戴斗笠、穿著「台灣紅」袖套的青蚵仔嫂，我們還會聽見他們操著所謂鹿港腔的海口音，一邊話家常，一邊將籃子裡的蚵仔熟練地挖取，這一堆又一堆的蚵殼好像在訴說著多少蚵農就靠著這些蚵仔扶養兒女長大成人，是辛苦的蚵農在太陽下揮汗後的結晶。

關於蚵仔煎的由來，似乎與鄭成功離不開關係，當時率兵攻打荷蘭，在糧食短缺的情況下，急中生智將沿海一帶特產蚵仔與番薯粉和著水煎成餅來吃。當時結合當地特產，就地取材所產生出來的果腹產物，竟無心插柳變成為現今成熱門的小吃。

新鮮蚵仔一小碗、一把青菜、一顆蛋跟著Q軟的粉漿在鍋子裡舞動，帶著些許的金黃與紅色的醬汁一起出現在盤子裡，咬在嘴裡赤香赤香的味道，帶著一點甜甜的醬料，不用太多複雜材料就很經典。雖然吃蚵仔煎不用到鹿港，想吃這道特色小吃在其他地方的夜市都能看見它的蹤影。

▲ 鹿港老街主要由瑤林街與埔頭街連結而成，包括意和行、新祖宮、桂花巷（鹿港城隍廟前）、鹿港公會堂，全長五百餘公尺，是台灣最早的老街。

▲ 「蚵嗲」南至高雄、北至彰化等蚵仔養殖地區都可以看見以蚵嗲聞名的小吃店。尤其彰化沿海王功漁港一條街上聚集了十數家蚵嗲店。

▶ 平日的鹿港龍山寺，難得的恬適安靜。

鹿港蚵仔煎

份量 2人份

材料

A 粉漿

地瓜粉	175g
太白粉	75g
水	500g

B

蚵仔	80g
小白菜	40g
雞蛋	1顆

醬料

水	60g
味噌	60g
海山醬	120g
甜辣醬	60g
番茄醬	60g
砂糖	10g
鹽	適量
太白粉水	適量
沙拉油	適量

做法

粉漿：地瓜粉、太白粉、水攪拌均勻備用。

醬料：水與味噌攪拌均勻後陸續加入海山醬、甜辣醬、番茄醬、砂糖、鹽煮至沸騰後，勾芡即可備用。

1. 蚵仔用鹽巴輕輕抓拌，去除殘留的殼，再用清水洗淨瀝乾。小白菜切段備用。
2. 鍋子加熱後倒入少許沙拉油，加入蚵仔煎出香味，再加入小白菜。
3. 倒入粉漿煎至定型後，將粉漿翻面蓋在蛋液上煎熟淋上醬料，即是蚵仔煎。

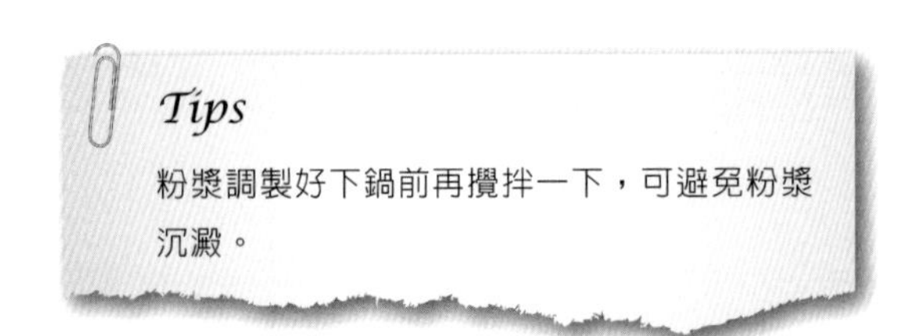

Tips
粉漿調製好下鍋前再攪拌一下，可避免粉漿沉澱。

TOPIC 11 清水筒仔米糕

▲ 高美溼地擁有豐富多樣的溼地生態，更因為夕陽美景吸引了無數觀光客。

「牛罵頭」這個名稱是來自台中市清水區的古稱，是早期平埔族牛罵社的聚落音譯而來，也是台灣中部地區新石器時代中期文化的代表。而現今，來到這裡除了牛罵頭文化遺址，鰲峰山上的百萬夜景，遠眺台中港海線的美麗，更不用說國道三號途經的清水休息站，在夜深的大地炫麗的夜景依舊精彩。

到了台中清水海線，高美溼地、鰲峰山、紫雲巖、清水休息站是經常出現在遊客心裡的畫面，走到清水的街上，想吃米糕，不難找到好多家米糕老店，在景點走完前，吃一口米糕才是一天行程完美的句點。

阿財米糕、王塔米糕、正牌米糕等各自都有擁戴者，尤其在用餐的顛峰時間，排隊人潮往往都十分可觀。米糕上點綴著一點綠，香菜在上頭搖曳著，Q彈的米糕和著三層肉一起連袂登場，淋上甜中帶一點辣的醬汁，米粒油亮亮顯得閃閃動人！這是一種古早的味道，肚子餓的時候來上一顆米糕，油豆腐、香腸小菜來一盤，配上一碗肉絲加蘿蔔絲的肉羹湯，在板凳上小食，就能滿足整張嘴的鹹香味道。

▲ 高美溼地位於清水大甲溪出海口南側，是台灣少數幾處雁鴨集體繁殖區。棲息的鳥類曾多達120餘種，為重要的生態保育區。

清水筒仔米糕

份量 6人份

材料

圓糯米	210g
紅蔥頭	20g
豬絞肉	80g
乾香菇	30g
蝦米	10g
鳥蛋	1顆

調味料

米酒	8g	甜辣醬	30g
醬油	15g		
鹽	適量		
白胡椒粉	適量		
香菜	適量		
沙拉油	適量		

做法

1. 圓糯米洗淨泡水2小時後(a)濾乾後備用。
2. 紅蔥頭切片、蝦米泡水、香菇泡水切片（留1朵不切）備用。
3. 油炒香紅蔥頭後再加入蝦米、香菇與五花肉炒出香味後，加入米酒與醬油、鹽、胡椒粉與鳥蛋調好味道取出1/3備用。另外的2/3餡料與糯米攪拌均勻即可。
4. 先取模子將1/3的餡料鋪底，再放入攪拌過的糯米填入8分滿（醬汁的水要跟米平行）(b)。
5. 最後入蒸鍋蒸20分鐘至熟透即可將米糕扣出來(c)。
6. 淋上甜辣醬與香菜即完成。

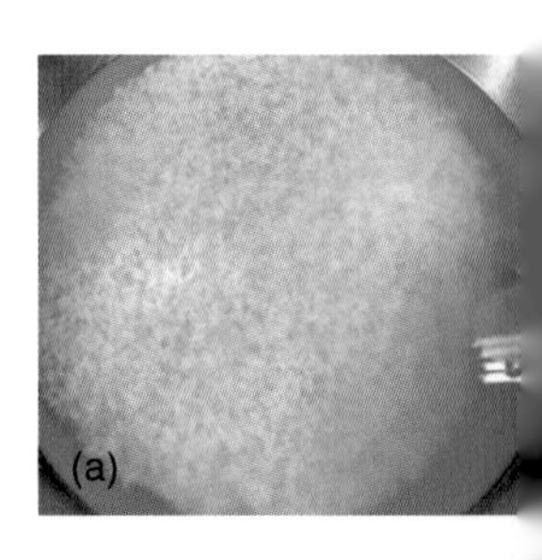
(a)

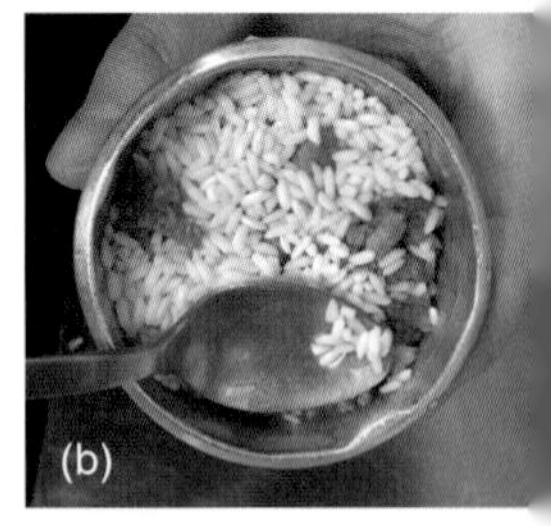
(b)

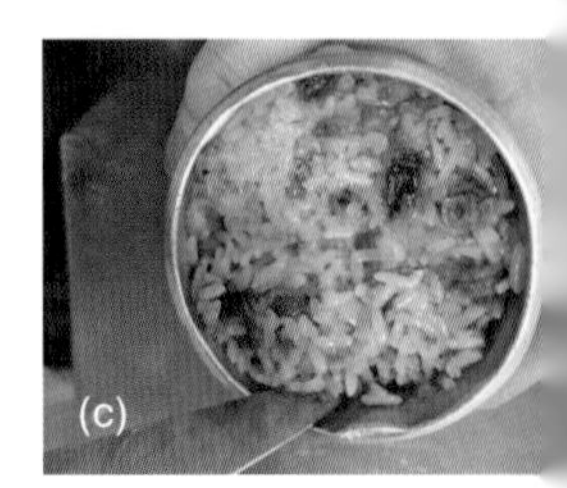
(c)

Tips

一般家庭沒有筒仔米糕專用模，建議可以使用量杯等類似器具，即可順利操作。

TOPIC 12 豐原排骨酥麵

▲ 從豐原俯瞰大台中的夜景

豐原廟東夜市出現在豐原慈濟宮旁，天色慢慢暗下來，緊鄰慈濟宮的一條路早已人潮擁擠，各式美食小吃在左右兩旁充斥林立，奮力擠進人群，空氣中滿是琳瑯滿目的食物香氣，晚餐時間已經無法殺出血路，因為從身旁走過的每個人，他們各取所好，每個比比都是需要餵食充肌的心靈。

從路口開始，菱角酥、清蒸肉圓、鳳梨冰、蚵仔煎，一整路的美食讓人一口一口吃不停，跟滿路的香氣前進，已經嗅得到排骨酥麵的位置，隨著天色越暗，排隊的人只會越來越多，立刻抽取一張號碼牌，在等待的同時，聞著香氣餓肚子，時間拉的越長越是增長了對一碗排骨酥麵渴望的眼神。

好不容易讓我們等到了！在碗裡，排骨、油麵、豆芽菜、油蔥，當他們一起出現在這碗排骨酥麵裡，協調得就像一曲交響樂，排骨酥軟爛、麵條的彈性在你一口嚐進嘴巴裡的同時，早已經吸飽了排骨酥湯汁的味道，棕褐色的湯汁看似油膩，趁熱吃進肚子裡，心與胃都產生了共鳴，所有的等待都是值得。

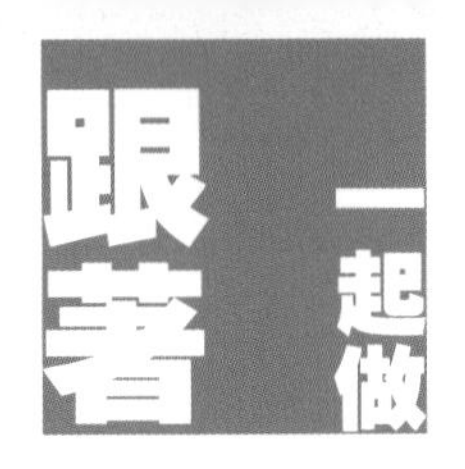

豐原排骨酥麵

份量 2人份

材　料

豬軟排骨	200g
香菜	10g
白蘿蔔	60g
蒜仁	30g
豬骨湯或水	400g
油麵	300g

醃　料

醬油	30g
砂糖	15g
五香粉	5g
米酒	30g

沾　粉

地瓜粉	100g

調味料

鹽	適量
砂糖	適量
醬油	適量

做　法

1. 豬軟排骨切2.5公分大小，香菜切碎、白蘿蔔切2公分大小，蒜頭去蒂頭備用。
2. 將豬軟排骨與醃料拌勻後，入冰箱2小時醃製入味，即可沾上地瓜粉備用。
3. 將排骨與蒜仁分別炸上色備用，白蘿蔔川燙去除菁味備用。
4. 將炸好的排骨與白蘿蔔、蒜仁一起放入調好味道的高湯後，保鮮膜封緊入蒸籠鍋蒸1小時至排骨軟化即可。
5. 油麵川燙去除鹼味後，將麵放入碗裡再加入做法4，最後放些香菜即可。

Tips

1. 燙蘿蔔：切好事先川燙可以去除蘿蔔生味。
2. 排骨：炸好排骨放入湯頭裡以蒸的方式加熱，再直接下鍋煮，更能保持湯汁清澈。

關鍵操作 QR code

TOPIC 13

南投意麵

▲ 南投清境農場的綿羊煞是可愛！

南投是台灣地區唯一不靠海的縣市，清境農場、日月潭、奧萬大、九九峰等，這些風景名勝都坐落在南投，這個群山擁抱的南投，位於台灣最中心的位置，山川河流匯集於一地，多樣性的地貌景觀，創造了許多屬於大自然的瑰麗面貌。

來到南投，美麗的自然景致引人入勝，當地的意麵也是到這裡來不容錯過的小吃。店家坐落在街頭巷尾，有些則出現在傳統市場裡，必得有內行的當地人帶路，才得知的私密小店。有的店家一早就開賣，當地的人們，如果早上想吃個熱呼呼的麵食，當然意麵也是居民在日常生活上的首選。

南投意麵，源自於福州麵食，台語稱之「幼麵」，據說四十多年前才在南投落地生根，麵條屬於細的扁麵，吃起來細緻香Q，具備滑嫩的口感，麵條上面有傳統的肉燥，灑上些許的蔥花，沒有過多複雜的工序，是最能表現意麵口感與香氣。

▲ 日月潭的湖光山色隨著季節更迭或白天黑夜皆有不同的景致。

▲ 南投伊達邵老街串連水沙蓮街、文化街的逐鹿市集，是許多美食聚集之處。

◀ 通常由「魚池」方向來日月潭的遊客，會首先抵達日月潭的朝霧碼頭港口。因碼頭面向東面，此處乃是欣賞日出的好地方，也由於時常煙霧繚繞，而有「朝霧碼頭」之稱。

南投意麵

份量 1人份

材　料

南投意麵	1球
豬絞肉	300g
油蔥酥	20g
蔥	30g
小白菜	60g
水煮蛋	1個

調味料

醬油	20g
米酒	30g
胡椒粉	少許
冰糖	少許
水	少許
沙拉油	少許

做　法

肉燥

1. 用油將豬絞肉炒至金黃，加入米酒與醬油炒出香味後加入冰糖。
2. 炒至冰糖溶解，再加入少許的水調好味道，加入水煮蛋，小火滷約40分鐘後關火。放一個晚上入味。
3. 小白菜洗淨切段、青蔥切蔥花備用、滷蛋對半切備用。
4. 水沸騰後將南投意麵大火煮約2～3分鐘後即可撈起(a)。
5. 再將小白菜煮熟後即可放入意麵中，再淋肉燥與蔥花、滷蛋即可。

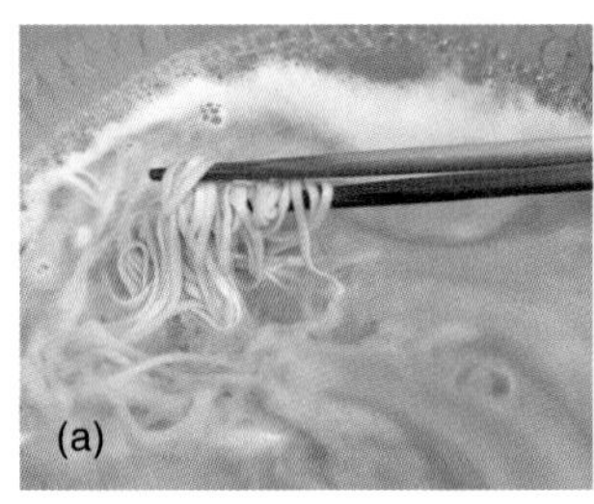
(a)

Tips

1. 前一天就把肉燥煮起來可以讓肉燥香味更濃郁。
2. 除了滷菜，另加入油豆腐與海帶也是不錯的選擇。

TOPIC 14 北港鴨肉羹

▲ 雲林北港朝天宮前的熙熙攘攘、人聲鼎沸，倘若再遇到每年進香時節，場面更是盛況空前。

到了北港一定要到朝天宮走一遭，宮廟前的參拜到朝天宮附近，別忘來上一碗鴨肉羹。熱呼呼吃上一碗再上工，這就是南部人的早餐。鴨肉羹口味吃起來鹹鹹甜甜的，店攤的門口總是一群又一群的人等著也來上一碗。

最佳男主角鴨肉，把鴨肉連皮大火快炒封住鴨肉的味道，再以蔥絲、洋蔥、筍絲作為配料，在地人在享用前在鴨肉上面滴上幾滴黑醋，入口的同時香氣四溢，手捧著碗感覺羹湯的溫度，順順的羹湯滑進口中，那是種在地美味的呈現，媽祖廟前見證數十年的歷史演變，不變的是味道與溫度，持續加溫。

▲ 北港朝天宮迎媽祖的信仰活動

▲ 雲林北港朝天宮正門

北港鴨肉羹

份量 1人份

材　料

鴨高湯	600g
鴨肉	100g
洋蔥	50g
蒜頭	20g
青蔥	30g
辣椒	30g
嫩薑	20g
白蘿蔔	30g
香菜	5g

調味料

米酒	30g
沙拉油	適量
烏醋	適量
鹽	適量
白胡椒粉	適量
醬油	適量
香油	適量
太白粉水	適量

做　法

1. 鴨肉切薄片備用，醃入少許醬油、太白粉。
2. 洋蔥切絲、蒜頭切末、青蔥切段、辣椒切片、嫩薑切絲、白蘿蔔切絲備用。
3. 以油炒香辛香料後加白蘿蔔絲炒軟，加入鴨肉炒至變色(a)，後加入米酒。將鴨高湯加入鹽巴、胡椒粉、少許醬油，再加入做法2煮至沸騰，調好味道後即可勾芡，最後加入香油與烏醋與香菜。

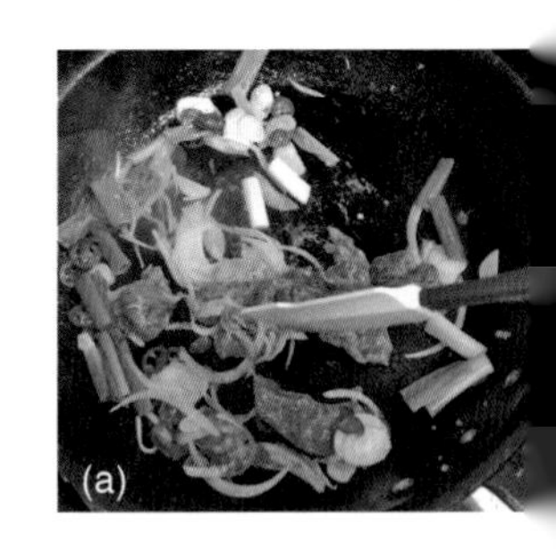
(a)

Tips

生炒鴨肉片於爆香後直接生炒，香氣與甜味皆易融入高湯中。

3

南台灣

的

豔陽味覺光陰

嘉義
台南新營
麻豆
安平
高雄岡山
萬巒

TRAVEL 南台灣の豔陽味覺光陰

Time to get your bathing suit!
Winter, spring, summer, fall,
I like summer best of all.

安平

6

同記安平豆花

地址：台南市安平區安北路433號
營業時間：09：00 ～ 11：30

岡山

7

大新羊肉創始店

地址：高雄市岡山區壽華路158號

高雄

Time to get your bathing suit!
Winter, spring, summer, fall,
I like summer best of all.

8

口福黑輪

地址：高雄市左營區立文路82號
營業時間：11：00 ～ 02：00

台南

5

赤崁棺材板

台南市中西區中正路康樂市場180號
間：10：30 ～ 22：00

萬巒

9

正宗萬巒林家豬腳

地址：屏東縣萬巒鄉民和路1號之4
營業時間：一至五8：00～18：00
星期六日8：00～19：00

TOPIC 15 嘉義火雞肉飯

▲ 在阿里山除了可以看到日出外，也能欣賞到夕陽雲海美景。

火車駛進嘉義，還來不及下車，看著車窗外一片金黃色結穗滿滿的稻田，從空氣灌進鼻腔裡盡是嘉南平原的稻香，耳朵是否彷彿聽見「KANO」電影中喊著「甲子園、甲子園」在噴水池旁繞圈的加油奔跑聲？

世賢路、蘭潭、嘉義公園……是的，我們來到了嘉義。這是全台第一座噴水池，噴水池前的這家火雞肉飯放眼望去，全是一個個等著被餵食充肌的心靈，在嘉義街頭有著數不清的火雞肉飯店，顯然「火雞肉飯」這個名詞已經與嘉義畫上等號。

時間回到一甲子前，根據老一輩的說法，其實台灣地區沒有火雞的生產，二戰當時美軍駐紮在嘉義，由美軍引入火雞在雲林、嘉義、台南等地區大量養殖，在物資缺乏的年代，要吃上一口雞價格昂貴，而火雞價較土雞低廉，火雞營養價值低脂肪、低熱量、高蛋白質，口感也比一般雞多汁、爽口。

在嘉義地區販售魯肉飯的居民開始以這樣的概念發想，把熬煮後（或蒸熟）的火雞肉片手撥成細絲，在米飯上鋪上火雞肉絲，淋上少許紅蔥酥雞油，最後放上醃漬後的黃蘿蔔，既開胃又爽口。這樣一碗火雞肉飯份量不多，吃上一碗那滿口香氣的雞絲與米飯卻是最為代表遊子思鄉的情懷。

▲ 阿里山森林鐵路

◀ 阿里山日出

嘉義火雞肉飯

份量 2人份

材　料

A 黃蘿蔔片

白蘿蔔	250g
白醋	10g
白飯	200g
鹽巴	5g
砂糖	8g
薑黃粉	5g

B 雞肉絲

火雞肉或雞胸肉	150g

C 紅蔥頭油

紅蔥頭	100g
豬油	50g

醬料

醬油	45g
砂糖	15g
鹽巴	5g
雞湯	300g

做　法

1. 黃蘿蔔片製作：白蘿蔔洗淨擦乾水分，去皮切片加入鹽巴拌勻放進冰箱一個晚上後，擠乾多餘的水分，再加入砂糖、薑黃粉、白醋攪拌均勻後，放進冰箱醃製三天即可。
2. 雞肉絲製作：雞胸肉冷水入鍋，中煮至沸騰後，關火蓋鍋蓋泡20分鐘至熟透，用手撥成絲備用(a)(b)。
3. 紅蔥頭油：
   (1)紅蔥頭切片備用。
   (2)豬油炒香紅蔥頭至金黃後過濾備用。
4. 醬料：把做法2的雞湯與醬油、砂糖、鹽巴攪拌均勻即可備用。
5. 白飯鋪上雞胸肉絲再淋上適量的紅蔥頭油、油蔥酥與醬料，再配上黃蘿蔔片即可。

(a)

(b)

關鍵操作 QR code

TOPIC 16 新營豆菜麵

▲ 台南七股鹽山過去是台灣最大的曬鹽場，但隨著時代演進，晒鹽已漸趨沒落，便轉型為觀光景點。

豆菜麵是台南新營一帶的地方小吃。據說豆菜麵的創始人為養家糊口因而開始了麵擔生意，起初在民治路上叫賣，後來在縣府旁的空地販售。豆菜麵盛行於白河、新營、六甲、義竹、麻豆、善化、官田、後壁等。

豆菜麵的組成結構很單純，一碗簡單的麵條與燙熟豆芽菜，味道簡單清爽。價格低廉，與早期物資缺乏，食材取得不易，這樣一碗麵即可果腹飽餐；在當地一碗豆菜麵與一碗肉羹湯，是最為經典的傳統吃法。

豆菜麵口感Q彈滑溜，豆芽菜吃起來脆爽，佐上蒜香味的醬油，清清爽爽又冰涼那樣的組合是如此的微妙。豆菜麵的麵條與一般的油麵條不同，冷水煮過直接放涼，對於南部天氣炎熱的氣候，若食欲不佳的時刻來碗豆菜麵消暑又不會肚子餓。

▲ 台南著名的花園夜市小吃

▲ 台南有名的擔仔麵

◀ 台南奇美博物館，是台灣館藏最豐富的私人博物館、美術館。以典藏西洋藝術品為主，展出藝術、樂器、兵器與自然史四大領域。圖為奇美博物館阿波羅噴泉。

新營豆菜麵

份量 1人份

材料

材料		醬料			
豆菜乾麵條	1球	醬油	20g	沙拉油	適量
豆芽菜	30g	蒜頭	5g		

做法

1. 乾麵條煮4分鐘後撈起濾乾水分後拌入沙拉油冷卻(a)。
2. 豆芽菜川燙冷卻備用。
3. 蒜頭切碎再與醬油攪拌均勻即為醬料(b)。
4. 最後將麵與豆芽菜拌勻後淋上醬料即可。

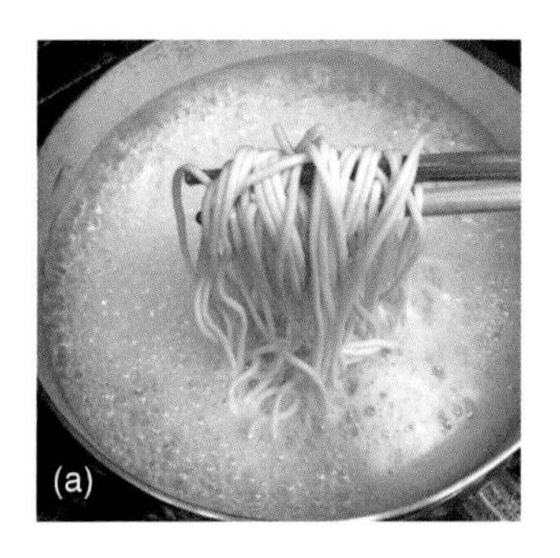
(a)

(b)

Tips

豆菜麵川燙後立刻拌入油冷卻，避免麵條相互黏在一起。

TOPIC 17 麻豆碗糕

▲ 台南七股鹽山

在中秋節時分，經常會看見麻豆文旦的蹤影，除了文旦，來到麻豆，一下交流道就會看見碗糕的招牌，嘉南平原盛產稻米，碗糕為傳統中式米食點心之一，在麻豆地區是街頭巷尾的著名小吃。

最為知名的是「碗糕蘭」、「碗糕助」等碗糕老店。米漿伴隨著炒香的香菇、蝦米、紅蔥頭、肉燥等配料，在大蒸籠裡熟成，打開蒸籠蓋，一縷縷的蒸氣白煙瞬間香氣已經瀰漫。這是傳統的古早味，碗糕形狀來自於碗的造型，在碗裡面以米漿與配料蒸製而成。

手端古樸的瓷碗，拿著小叉子，往白嫩的碗糕劃開，上頭的油膏醬汁一頃而下，鹹香鹹香的味道，沒有太多現代的元素，就是那再也傳統不過的滋味。在店家吃碗糕我們會端著瓷碗，透過手捧著的溫暖的碗，可以感覺到一家老店最真誠的用心。因應外帶客人的需求，一個個碗糕坐在方形的紙盒裡，遠看似拱起的白色小山丘帶著一點斑點，畫面可愛至極，來到麻豆不要忘記品嘗這道地的好味道。

環台隨筆

麻豆碗糕

份量 6人份

材　料

A 粉漿

在來米粉	300g
地瓜粉	30g
冷水	450g
熱水	450g

B 餡料

豬絞肉	300g
乾香菇	15g
蝦米	10g
蘿蔔乾	30g
紅蔥頭	15g
滷蛋	1個

調味料

米酒	30g
醬油	適量
鹽巴	適量
胡椒粉	適量
沙拉油	適量

做　法

粉漿（重量一碗約205g）

1. 在來米粉與地瓜粉及少許鹽巴混合過篩，再加入冷水慢慢調和，再加入熱水攪拌均勻加熱煮至糊化。
2. 紅蔥頭切碎備用，乾香菇泡水切丁、蝦米泡水、滷蛋1個切成6小瓣。

餡料（重量一個約35g）

1. 炒香紅蔥頭碎，加入香菇丁、蝦米、絞肉、蘿蔔乾炒香，再加入米酒、醬油調好味道，與一半的粉漿攪拌均勻，放倒入抹油的碗至8分滿。
2. 將碗中的粉漿放於桌面敲平後，在表面放入剩下的餡料與滷蛋後入蒸籠鍋大火蒸熟，即為麻豆碗糕。

Tips

粉漿製作著重在糊化過程，熱水拌入後加熱持續攪拌至濃稠狀，這可是碗糕成敗的關鍵。

關鍵操作 QR code

TOPIC 18

台南擔仔麵

▲ 台南奇美博物館

台南知名小吃度小月擔仔麵，「度小月」這個名詞，是來自一位漁民度過捕魚的小月。台南擔仔麵相傳是一位漁民在颱風期間因為風浪過大無法出海，挑起竹擔在水仙宮前擺麵攤，麵攤前會懸掛一盞上面寫著度小月的燈籠，用餐的民眾坐在小竹凳上吃著這碗度小月擔仔麵，口味獨特的湯頭讓這碗麵大賣，也幫助這位漁民在淡季時期能度過小月。

矮爐、矮灶、小竹凳，老闆迅速的調理出一碗擔仔麵。在這樣的一碗擔仔麵上會看見一尾去了殼的蝦，將鼻子靠近一點聞有著濃郁的特製肉燥香，滑順的油麵上頭有灑上豆芽、香菜、蒜頭、烏醋味道，湯頭則是鮮蝦味高湯，這是台南擔仔麵的特色。而一碗香味四溢的擔仔麵好吃的原因其實是來自那鍋肉燥，已經醞釀了數十年的肉燥香氣，正是其精華所在。

▲ 台南延平郡王祠占地廣闊，庭園修築極美，整體風格莊嚴典雅，是台灣唯一福州式廟宇建築。

台南擔仔麵

份量 2人份

材料

豬高湯	500g	B 湯料	
油麵	150g	豆芽菜	30g
A 肉燥		韭菜	20g
豬絞肉	300g	白蝦	1尾
油蔥酥	20g	水煮蛋	1個
水	適量	沙拉油	適量

調味料

醬油	20g
米酒	30g
胡椒粉	適量
冰糖	適量

做法

肉燥

1. 用油將豬絞肉炒至金黃，加入米酒與醬油炒出香味後加入冰糖。
2. 炒至冰糖溶解後，加入少許的水調好味道。
3. 加入水煮蛋，小火滷約40分鐘後關火，放一個晚上入味即可。

1. 韭菜洗淨切段、豆芽菜洗淨、滷蛋對半切、白蝦去殼去腸泥。
2. 水沸騰後將油麵大火煮約1分鐘後即可撈起。
3. 將韭菜、豆芽菜、白蝦川燙後至熟，將油麵與高湯放入碗中淋上肉燥與滷蛋即可。

Tips

1. 肉燥前一天煮起來味道較香濃。
2. 韭菜與豆芽菜注意川燙時間不宜過久。

TOPIC 19 台南棺材板

▲ 台南孔子廟是台灣第一座孔廟，為台灣最早的文廟。清代初期是全台童生唯一入學之所，因此稱「全台首學」。

「一府二鹿三艋舺」，此句話說明了早期台灣地區發展史，從明代人民跨海來台，一句「唐山過台灣」，更有一句「有唐山公沒有唐山媽」。台南地區為全台重要的古蹟勝地，擁有許多歷史建築、小吃美食，是台灣地區的文化古都。

來到台南這裡會給我們什麼印象？古蹟和美食，因為發展歷史早，這裡有看不完的古蹟，還有吃不完的美食，台南人還有個夜市口訣「大大武花大武花」，代表著每天都有夜市可逛可吃美食。我們可以乘著火車抵達台南府城，搭著「我愛府城」的公車，穿梭在城門圓環之間，會發現為了保存古蹟，台南的道路規劃沿著古蹟的路線而開闢。有個台灣文學家葉石濤說：「台南是一個適合人們作夢、幹活、戀愛、結婚、悠然過活的地方。」

「棺材板」是很多外地遊客來到台南第一個認識的小吃美食。來到海安路附近的小弄裡，一個四四方的炸吐司裡，包著類似奶油濃湯的餡，還附上刀叉給客人使用。據說棺材板的原名是「雞肝板」，原本以雞肝做內餡，雞肝等內臟類的食材早期都是屬於價格高檔的昂貴材料。後來因為造型類似棺材形狀，才命名為「棺材板」，棺材板的名號聳動，也打響了台南小吃的名聲。

▲ 台南北門水晶教堂

台南棺材板

份量 1人份

材　料

厚片土司	1片	蒜頭	10g
奶油	20g	紅蘿蔔	30g
麵粉	20g	玉米粒	20g
牛奶	150g	青豆仁	10g
洋蔥	30g	梅花肉	40g

調味料

鹽巴	適量
炸油	適量

做　法

1. 炸油升溫至220度，將厚片土司炸上色即可撈起。
2. 將炸好的土司切ㄇ字型。
3. 蒜頭切碎、洋蔥切小丁、紅蘿蔔切小丁、梅花肉切小丁備用。
4. 把洋蔥、蒜碎炒出香氣後，將蔬菜料與肉丁炒熟即可備用。
5. 將奶油融化後加入麵粉炒香後，再加入牛奶攪拌均勻至無顆粒。
6. 再加入炒香的配料，調味煮至濃稠。
7. 最後填入炸好的土司裡。

Tips

炸土司注意在高溫時下鍋才能避免含油。炸好土司趁熱挖開較易操作。

TOPIC 20 台南安平豆花

▲ 台南安平「神農街」昔日被稱為「北勢街」，保留了清代及日據時期的外觀及結構，是目前台南市保存最完善的老街，電影「總舖師」也曾在此地取景。

在台南安平區億載金城、安平古堡、德記洋行、老街，是許多遊客走訪安平時必定到訪的景點，欣賞完古蹟走入老街吃小吃、吃美食，豆花是很多人的第一首選。

台南安平的同記豆花，曾經獲選為府城的十大伴手禮。創辦人早期與妻子每天早晨四、五點推著攤子在安平的街頭叫賣，直到後來才在安平安北路開店同記安平豆花。

現在發展出許多豆花口味，傳統原味豆花具備濃濃的黃豆香，也有紅豆的甜蜜口感，還有檸檬口味與綜合口味等多種選擇，也開發了竹炭黑豆花、鮮奶豆花等新口味。

豆花搭上好夥伴糖水，而糖水以二砂糖熬煮，白嫩嫩的豆花，一口就在嘴裡融化，散開的同時與糖水甜蜜交織，無論吃冷的還是熱的，無論大人或小孩，在哪個季節都能吃的甜蜜小點。

▲ 台南安平「神農街」

▲ 台南安平豆花」

▲ 台灣府城七寺八廟之一亦為全台藥王廟開基祖廟的「台南藥王廟」

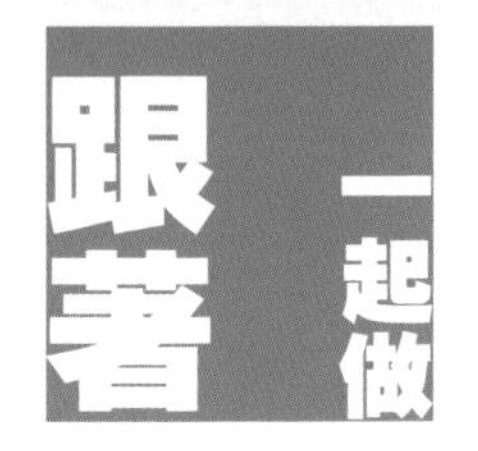

安平豆花

份量 1人份

材　料

無糖豆漿	1250g	豆花粉	30g	檸檬	1個
開水	200g	有糖豆漿或糖水	150g		

做　法

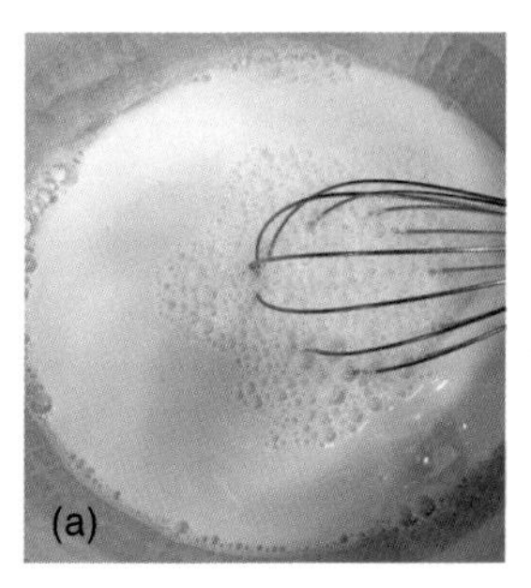
(a)

1. 冷開水與豆花粉攪拌均勻備用。
2. 放入保溫鍋裡，再將無糖豆漿煮至85度C。
3. 煮至85度時，擡高沖入豆花粉裡（勿攪拌，只需要輕刮泡泡）(a)(b)。
4. 放置半小時冷卻即可凝結成豆花(c)。
5. 檸檬切兩片圓片裝飾。
6. 把剩下的擠檸檬汁備用。
7. 依個人口味調整糖水或豆漿。
8. 加入碗內後再挖入一大湯匙的豆花與檸檬汁與檸檬片即可。

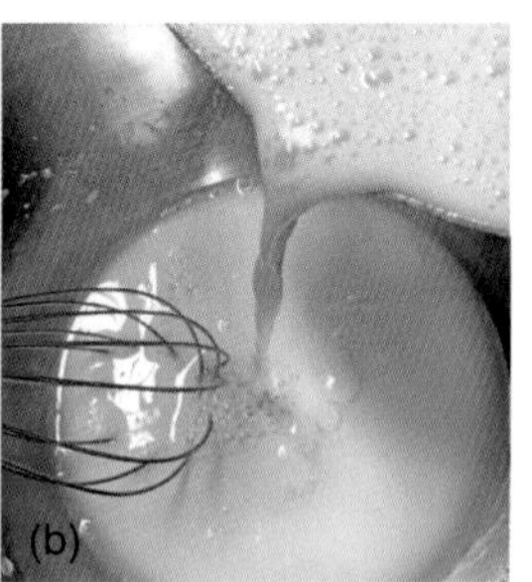
(b)

Tips

豆花配料紅豆、珍珠或綠豆都可以自由搭配，夏天可以製作成冰豆花，冬天另煮紅糖薑湯加入即成熱豆花。

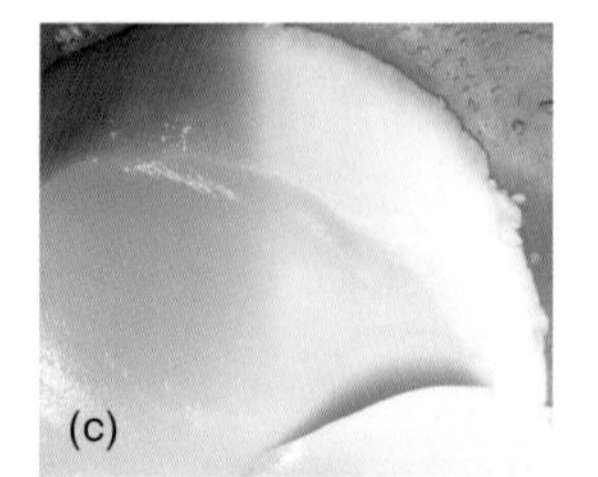
(c)

TOPIC 21 萬巒豬腳

▲ 萬巒豬腳是台灣的著名小吃，源自於屏東縣。

您是否還記得小時候哼哼唱唱的一首童謠，「點阿膠，黏到腳，叫阿爸，買豬腳，豬腳箍仔，滾爛爛，拐鬼囝仔流嘴涎。」每次家裡滷起了豬腳，吆喝著全家在餐桌上晚餐，心裡總是會浮現這首童謠的旋律。台灣民間吃豬腳有去霉運、改運、補運，還有替父母增壽的意思。豬腳不僅是一道美食，更富有飲食以外的重要寓意。

提到萬巒一定會想到豬腳，在萬巒有多間豬腳店聚集在民和路與褒忠路口，招牌林立堪稱是條豬腳街，熊家豬腳、林家豬腳、海鴻飯店、萬泰豬腳等，形成了一條有趣的街景。

據說最早發跡的是海鴻飯店，創始人在萬巒市場內原本賣擔仔麵後改賣豬腳，以豬的前肢滷製，滷汁的秘訣要滷上數小時，味道滲透入味，食用豬腳時沾取獨特的蒜蓉配料，這豬腳不是吃熱的，而是冷冷上桌，豬腳外皮香Q有彈性，吃起來肉質鮮嫩不油膩，多汁爽口帶脆的口感。

環台隨筆

跟著一起做

萬巒豬腳

份量 1人份

材料

豬前腿	1隻	肉桂棒	1ea		
水	1400g	花椒粒	2g		
青蔥段	1支	B 調味料			
嫩薑	30g	紹興酒	130g		
蒜仁	80g	醬油	200g		
大辣椒	2ea	冰糖	60g		
A 滷包		砂糖	適量		
草果	4ea	麥芽糖	30g		
八角	6ea	香油	適量		

醬料

蒜泥	10g
醬油膏	30g

Tips

豬腳滷前先川燙洗淨，可以減少豬的腥味。

做法

1. 豬腳去除外毛後，煮一鍋滾水川燙去除雜質(a)，並且沖洗乾淨備用。
2. 取炒鍋倒入香油炒香薑片、蒜頭、辣椒、蔥段、冰糖再加入醬油與紹興酒炒出香味(b)。
3. 加入水、麥芽糖、豬腳、與滷包，煮至沸騰後轉小火約1個半小時至熟透(c)，放涼切片即可。
4. 取出約50g滷汁與醬油膏、蒜泥攪拌均勻即成為沾醬。

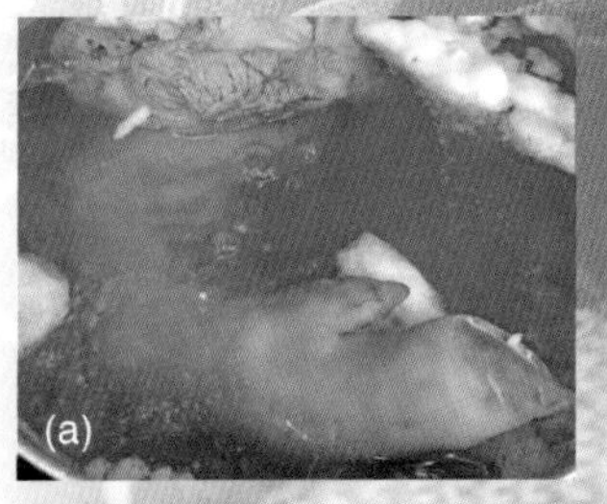
(a)

(b)

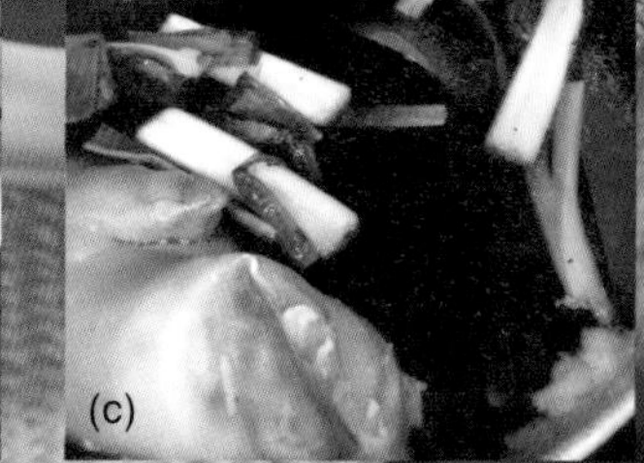
(c)

TOPIC 22

岡山羊肉爐

▲ 高雄駁二藝術特區

冬天氣溫低，火鍋、薑母鴨、羊肉爐都是冬天飲食的上上之選，如果現在人在高雄，正值冷冷的天，到岡山吃一鍋熱呼呼的羊肉爐，嘴巴呼出的熱氣，咬著羊肉塊，再一口喝熱湯，這樣的美味真是冬天裡再好不過的享受。

高雄岡山著名的特產有三寶「羊肉、蜂蜜、豆瓣醬」。早期地理環境的因素，在岡山地區有許多居民養羊，而岡山剛好位於各地理位置的中心點，所以羊戶常常在此地進行交易，因此成為羊肉市場的集散地。據說最早的一位老闆在舊市場挑扁擔沿途叫賣羊肉湯，以自產自銷的本土羊肉打響知名度。

羊肉爐的湯底以中藥材熬煮，以本草綱目記載的內容來說，羊肉能暖中補虛、補中益氣、開胃健身、益腎氣、養膽明目、治虛勞寒冷、五勞七傷。

岡山除了家喻戶曉的羊肉爐外，在四處林立的羊肉爐店裡，還可以看見其他羊肉的相關料理，羊油麵線、蔥爆羊雜、麻油羊肉等，在享用熱呼呼的羊肉爐同時，可以一起把他們通通下肚來個全羊餐的概念。岡山地區食用羊肉爐會搭配豆瓣醬，與當地盛產的豆瓣醬密不可分，醬料甘甜的味道恰好搭配羊肉爐完美協調。

▲ 高雄駁二特區的「駁二」係指第二號接駁碼頭，原為一般的港口倉庫，後來在藝術家及地方文史推動之下，成為台灣南部的實驗創作場所。

岡山羊肉爐

份量 6人份

材料

帶皮帶骨羊肉塊	1kg	熟地	2g
老薑	60g	羅漢果	0.5個
黑麻油	40g	黑棗	4個
高麗菜	200g	B 醬料	
凍豆腐	8塊	豆腐乳	1個
A 羊肉爐中藥包		砂糖	10g
陳皮	1個	岡山辣椒醬	10g
當歸	1個	薄口醬油	10g
黃耆	5g	開水	適量
川芎	5g		

調味料

豆腐乳	4個
辣豆瓣	20g
米酒	40g
醬油	30g
冰糖	20g

關鍵操作 QR code

做法

1. 水煮至沸騰後大火川燙羊肉塊，煮約3分鐘撈起沖水去除雜質備用。
2. 老薑切片以黑麻油小火煸至起毛邊後，再將羊肉塊加入一同炒香。
3. 加入豆腐乳與少許米酒攪拌均勻，辣豆瓣炒香後再加入醬油與冰糖炒至糖溶解。
4. 再加入剩餘的米酒，小火煮約5分鐘讓羊肉塊濃縮醬料的味道即可關火備用。
5. 將中藥包與羊肉塊放入電鍋內鍋，注入水約7分滿（淹過肉），外鍋約4～5杯水。
6. 燉煮約2小時左右使皮與肉軟嫩後即可。
7. 撈起倒入鍋中煮高麗菜與凍豆腐煮熟即可。

醬料

將水與豆腐乳攪拌均勻後，加入砂糖與辣椒醬與醬油攪拌均勻即成為醬料。

Tips

羊肉入鍋煮軟後，再加入其他食材，可以控制各項食材口感特性。

TOPIC 23

高雄黑輪

▲ 大魯閣草衙道是高雄新興商場，集合購物、美食、娛樂與休閒運動功能。

高雄舊地名稱為「打狗」，是個具備海港風情的一個城市，豔陽、熱度、海風、都市街景，以及市長花媽的形象也幾乎成為高雄的代表。在高雄的一天是這樣的，早上睡飽了在陽光照耀下舒服醒來，接著去愛河沿岸走走晃晃，下午與好友搭渡輪至旗津吃透抽、傍晚到西子灣吹著海風看夕陽、晚上帶著家人走趟六合逛夜市、搭著夢時代摩天輪對著85大樓與痞子英雄交織的偶像劇畫面、大魯閣新時代騎上旋轉木馬編織孩提時的歡樂笑聲，更可以在輕軌上想著等下到台鋁應該為自己選哪本書讀？讀累了就到吳寶春麵包店吃上一口桂圓麵包？台灣第二大都市裡的新舊建物，正與新文化互相衝擊，透過呼吸我們可以好好感受，這一種慢活的生活態度。

在高雄吃到煮的或烤的黑輪，這類的魚漿製品在我們生活中很常見，多半於傍晚在街邊的小攤上，攤子裡琳瑯滿目各式黑輪材料，有蘿蔔、油豆腐、竹輪、甜不辣等，佐上沾醬與一碗黑輪湯一起吃，吃正餐前填一下肚子的空虛。

還記得有次到了高雄，經過了一間生意不錯的黑輪店家，問了附近的居民這店家評價如何，結果大家口吻一致的說，這是在地人最喜歡吃的黑輪店，但是要吃到需要碰運氣，他的黑輪不只用關東煮的方式，最特別的還有烤的服務，吃完一次後著實讓我念念不忘。

◀ 高雄展覽館為澳洲COX集團與台灣劉培森建築師事務所合作設計，設計概念起於高雄港灣的水岸造型，外觀反映波浪設計、結合船帆與貝殼的意象。相當符合高雄的城市形象。

高雄黑輪

份量 3人份

材料

A 湯底

柴魚片	50g
水	2000g

B

玉米	1ea
紅蘿蔔	60g
白蘿蔔	100g
豬血糕	60g
油豆腐	2ea
黑輪	2ea

醬料

水	80g
海山醬	80g
番茄醬	15g
砂糖	15g
辣味噌	10g
甜辣醬	10g

做法

湯底

1. 將水煮至沸騰後關火，再將柴魚片放在熱水裡泡半小時(a)，即可過濾（不可以持續沸騰）。
2. 玉米切塊，紅蘿蔔、白蘿蔔切滾刀，豬血糕切塊。
3. 將玉米與紅蘿蔔、白蘿蔔加入湯底，煮約40分鐘煮出甜味，後再將其他配料下去煮熟即可。

醬料

將所有材料煮至沸騰即可。

(a)

Tips

市面上有很多黑輪配料的選擇，比如竹輪、高麗菜捲或各式火鍋料等都可以增添多樣的口感。

4

東台灣

的

後山味覺軌跡

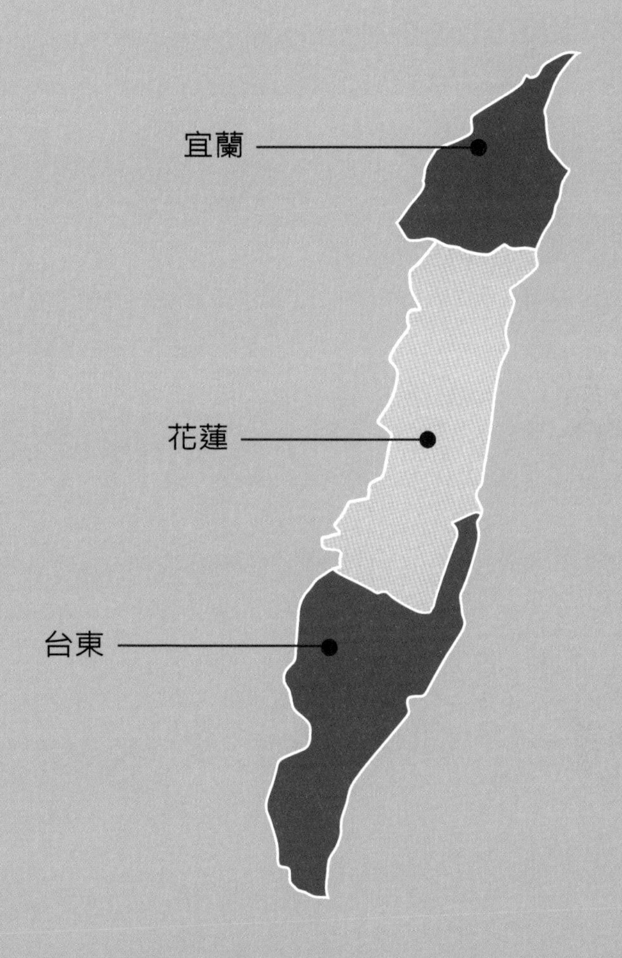

宜蘭糕渣／
宜蘭卜肉／
宜蘭三星蔥油餅／
花蓮扁食／
花蓮麻糬／
台東東河肉包／

TRAVEL 東台灣の後山味覺軌跡

1 小春糕渣、卜肉

地址：宜蘭縣羅東鎮羅莊街458號

2 阿婆蔥油餅

地址：宜蘭縣三星鄉三星路七段318號

營業時間：6：30 ～ 19：00

3 液香扁食店

地址：花蓮縣花蓮市信義街42號

營業時間：9：00 ～ 賣完爲止

4

曾記麻糬

地址：花蓮縣花蓮市國聯里國聯一路79號
營業時間：7：00 ～ 21：30

5

東河肉包

地址：台東縣東河鄉東河村15鄰420號
營業時間：6：00 ～ 17：00

TOPIC 24

宜蘭糕渣

宜蘭，早期前往宜蘭必定經過北宜公路九彎十八拐，在曲折的道路後才能抵達，時空轉換，現代的建設工法已經克服了地形，隨著國道五號雪山隧道的開通，往返宜蘭地區更方便了，現在宜蘭幾乎成了台北人的後花園，具備溫泉、冷泉、呼吸好空氣、山明水秀好風景而成為大家周休二日假日的好去處。

宜蘭的代表小吃──「糕渣」，是宜蘭人小時候的共同回憶，早期宜蘭地區因為地形的限制交通不便利，在年節時刻才有機會吃到雞肉，當時生活困苦的宜蘭人，發揚惜物愛物的美

德，把煮雞肉剩下來的高湯加以運用，發展出這道代表宜蘭的特色小吃。

宜蘭度小月第四代傳人陳兆麟師傅說：「品嘗過的外地遊客常覺得，宜蘭人就像是糕渣一樣，外表冷冷的，但是內心卻很溫熱、好客，我覺得糕渣是最能夠代表宜蘭人精神的菜色」。

糕渣的材料沒有特殊的食材，樸實卻又深具代表精神。以雞高湯為底，再與玉米醬等材料煮製濃稠，冷卻後切割再沾粉油炸，成品看似平凡，趁熱一口咬下，燙嘴的溫度請小心內餡，當心別燙傷了，快快從嘴裡吐出熱氣，更要注意別急著一次吞下肚，也可搭配椒鹽一起增添鹹香的口感。

▲ 位於宜蘭大同鄉的太平山是一座擁有原始森林、人造林、溫泉、瀑布與高山湖泊等多樣景觀的林場，區域內有台灣最大的高山湖泊翠峰湖。

▲ 翠峰湖其生態體系有別於一般湖泊。水源是附近山區雨水匯集而成，湖區有檜木原始林及稀有鳥類棲息。晨曦霧氣瀰漫，日出彩霞萬千，只是現今並未對外開放。

宜蘭金車葛瑪蘭威士忌酒廠
得天獨厚的水質釀製威士忌
也是知名的觀光景點。

跟著一起做

宜蘭糕渣

份量 6人份

材　料

材料		材料		調味料	
玉米醬	1罐	日本太白粉	140g	鹽	適量
雞蛋	2個	高湯	900g	炸油	適量
玉米粉	160g				

做　法

1. 玉米粉與日本太白粉、鹽與2/3的高湯攪拌均勻備用(a)。
2. 玉米醬與1/3的高湯放入鍋中攪拌均勻後小火加熱，在未沸騰之前加入雞蛋持續攪拌至沸騰即可關火(b)。
3. 將做法1加入做法2，中小火煮至濃稠即可入容器冷卻一個晚上，即可切成正方塊表面沾裹適量的玉米粉備用（容器可以鋪上保鮮膜防止沾黏）(c)。

4. 逐一入油鍋180度炸定型即可。

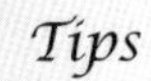

Tips

煮好的糕渣漿入模之後完全冷卻再油炸，才不容易碎裂。

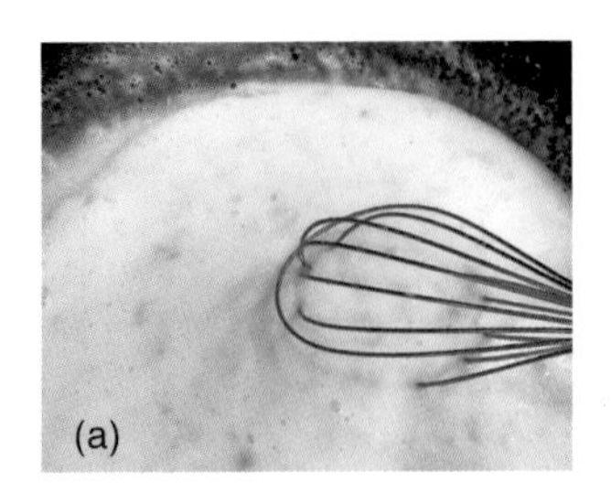

(a)

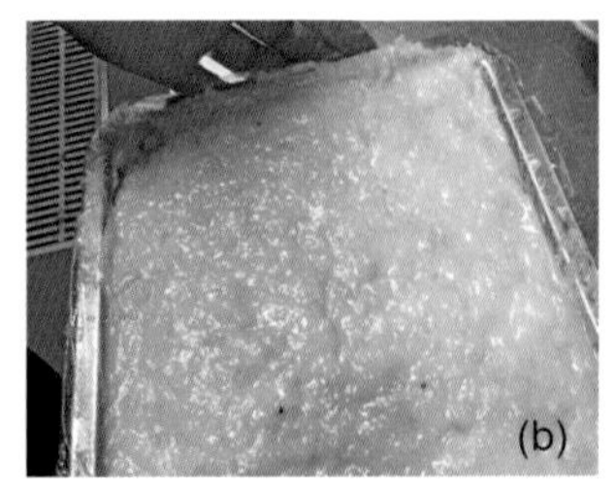

(b)

(c)

宜蘭糕渣

TOPIC 25 宜蘭卜肉

▲ 宜蘭火車站「幾米主題廣場」，位於宜蘭火車站南側，原來為廢棄鐵路局舊宿舍，經過重新規劃，除了保留原有的歷史建築與老樹綠蔭外，更取自繪本作家「幾米」的繪本場景製成的裝置藝術。

宜蘭人講台語口帶的宜蘭腔跟鹿港人講的腔調不太一樣，我們在宜蘭街道的公車上會看見「宜蘭勁好行」的字樣，宜蘭人說「勁好吃」，意指形容東西很好吃，而「卜肉」也是在宜蘭地區勁好吃的小吃!

卜肉是台語宜蘭的腔的「爆肉」，簡單來說就是把豬里肌肉裹上漿油炸而來。卜肉金黃上色的外表口感吃起來酥酥的，裡面的肉條軟軟嫩嫩的，趁剛炸好食用，好吃地一口接一口。在宜蘭地區的家庭每逢傳統節慶祭拜，是媽媽一定要必定準備的菜餚。

據說於六十多年前太平山因為林業開發，鄰近的三星鄉設立了許多酒店，因此帶來許多商機，接連帶動三星地區老店的發展。創始者向日本廚師習得技巧，所以卜肉的做法類似天婦羅的油炸，因而打響了知名度，炸好的卜肉沾上特製的芝麻椒鹽，這裡還可以吃到炸蔬菜，在這裡也有「卜菜」的稱呼。

▲ 宜蘭火車站「幾米主題廣場」一隅，是取自繪本作家「幾米」的繪本場景製成的裝置藝術。

宜蘭卜肉

份量 6人份

材　料

A		醬油	30g	地瓜粉	適量
腰內肉	200g	砂糖	20g	C 粉漿	
B 醃肉		烏醋	10g	雞蛋	1個
米酒	15g	蒜泥	15g	中筋麵粉	250g
白胡椒粉	5g	五香粉	3g	冰水	200g

做　法

1. 腰內肉切成長條約4公分左右的肉條。
2. 與米酒、胡椒粉、醬油、砂糖、烏醋、蒜泥、五香粉攪拌均勻後，再抓入適量的地瓜粉進行醃製。
3. 雞蛋與粉攪拌均勻後再慢慢倒入冰水攪拌至無顆粒即成為粉漿(a)。
4. 熱油鍋加熱至180度，將肉條裹上粉漿下去炸至定型撈起(b)。
5. 等油溫升溫到200度時回炸搶酥即可。

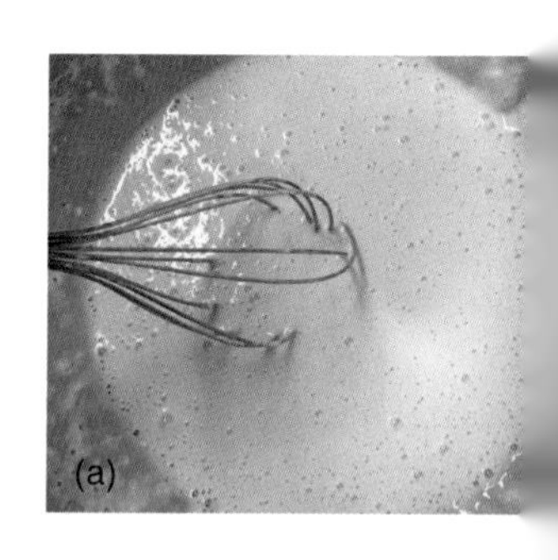
(a)

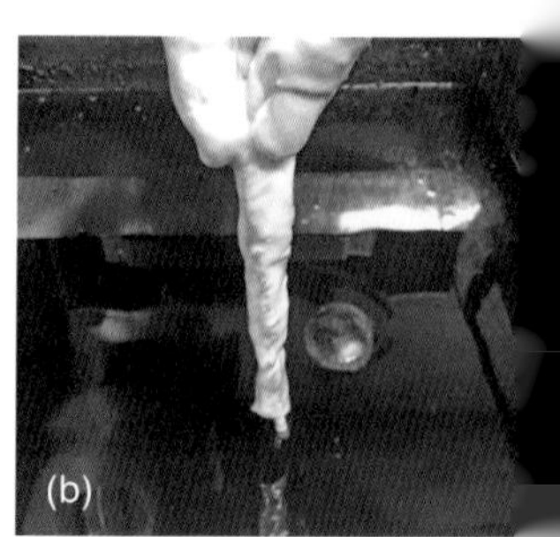
(b)

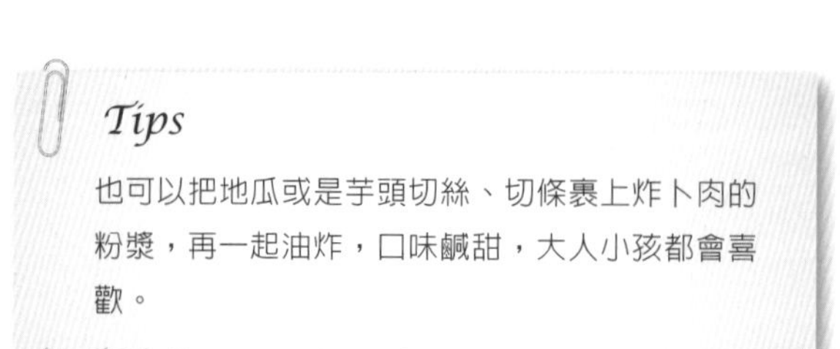
Tips

也可以把地瓜或是芋頭切絲、切條裹上炸卜肉的粉漿，再一起油炸，口味鹹甜，大人小孩都會喜歡。

TOPIC 26 宜蘭三星蔥油餅

▲ 蘭陽博物館建築是以宜蘭頭城鎮北關海岸一帶常見的地貌特徵——「單面山」為基礎設計，設計者是建築師姚仁喜。姚仁喜則以蘭陽博物館主建築獲得「2012國際建築獎」。

宜蘭三星鄉位於蘭陽平原的最高處，當地居民早期主要以務農為主，當地的農作盛產三星米，更令人津津樂道的正是三星蔥，我們經常會在美食的節目中介紹三星蔥的魅力，三星鄉與蔥之間的關聯緊密，已經成為三星鄉的代表詞。

「蔥」，這項作物在烹調各類菜餚中多是個稱職的配角，他們以爆香之姿作為入鍋的出場秀，或是以一點翠綠點綴出菜前的「Ending Post」。平常的演出裡，蔥與蒜，一個不起眼的小角色，不是以主角露臉在每道菜餚裡，但是少了他們就是少了某些氣味。媽媽們上市場買菜，菜販總是隨意附上幾支蔥，但當夏天遇上颱風期間，蔥價瞬間水漲船高就成了搶手貨。

來到青蔥的故鄉宜蘭三星鄉可以走訪三星蔥文化館，到了每年正月蔥蒜盛產的季節，還有熱鬧的蔥蒜節活動。平時在台2線的馬路邊，可以看見菜販對著觀光客販售一把把青翠碧綠精神飽滿的蔥，上國道五號前帶上一把新鮮的蔥回家，這可是最有誠意的一份伴手禮。最重要是嘴巴一定要吃上一口三星蔥油餅，想吃蔥的饕客有點多，跟著排隊隊伍購買吃進嘴裡，滿口香氣四溢的蔥香撲鼻，鹹香的味道入口，趁熱咀嚼這才是最踏實的一份在地小吃。

◀ 宜蘭冬山車站，有「台灣最美的台鐵車站」之稱。當初設計車站，概念就是以連續圓弧型的棚架設計，頂部有白色薄膜覆蓋，遠眺就像一座大型瓜棚。

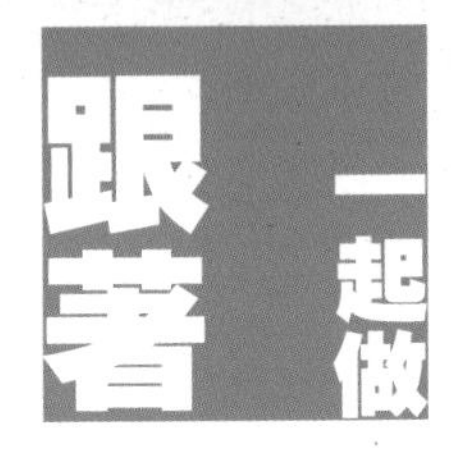

宜蘭三星蔥油餅

份量 1人份

材料

中筋麵粉	500g
熱水	150g
冷水	150g
三星蔥	100g

調味料

鹽巴	適量
白胡椒粉	適量
沙拉油	適量

做法

1. 三星蔥洗淨切蔥花與鹽巴、白胡椒粉拌勻。
2. 中筋麵粉過篩加入熱水拌均勻後，再加入冷水揉製光滑（將麵團鬆弛15分鐘後）(a)，1顆麵糰分100g備用。
3. 麵糰擀平後抹上沙拉油，再把蔥花平均灑上去後捲成長條狀後，再捲成滾筒狀（進行鬆弛20分厚），擀成圓片兩面煎熟即可。

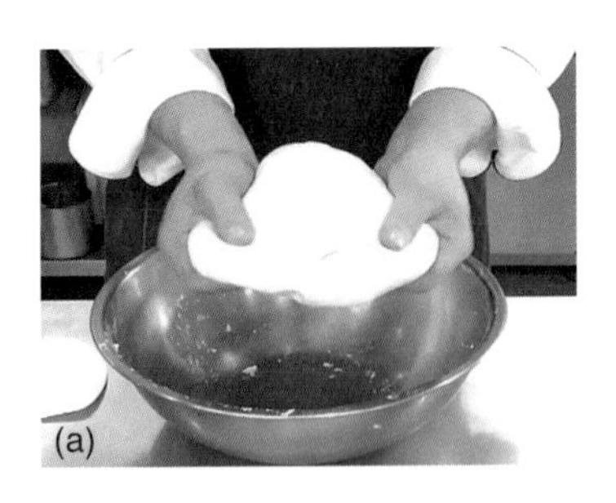
(a)

Tips

煎好的蔥油餅捲入肉鬆或是打顆蛋一起油煎至熟。也可以放上兩片起司片，都是多元的蔥油餅吃法。

關鍵操作 QR code

宜蘭三星蔥油餅配京醬肉絲

份量 1人份

材料		醃料		調味料	
牛里肌肉絲	300g	醬油	15g	甜麵醬	15g
蔥	2支	米酒	15g	味噌	10g
蔥油餅	1片	太白粉	適量	糖	15g
				水	適量

做法

1. 將牛肉絲與醃料攪拌均勻後，即可熱鍋炒至5分熟，加入調味料拌勻即可。
2. 青蔥切絲備用。
3. 將蔥油餅中小火兩面煎上色備用，即可將牛肉餡料放入餅皮中，捲緊即可分切。

TOPIC 27 花蓮扁食

▲ 花東縱谷美景

「扁食、餛飩、雲吞、抄手」，好像無法細分清楚，但其實它們都是一家人，只是在各個地區有著不一樣的名稱。四川巴蜀地區餛飩稱「抄手」，紅油抄手為主要名菜。江浙地區稱「餛飩」，配上蛋皮、紫菜、榨菜的鮮肉餛飩湯是耳熟能詳的料理。廣東地區餛飩稱之「雲吞」，粵語中「餛飩」與「雲吞」同

▲ 花蓮七星潭的月牙灣

音。閩南地區則稱餛飩為「扁食」。

說起花蓮美食小吃，一定少不了扁食，液香扁食、戴記扁食與花蓮扁食，相傳從日本時代開始，戴家扁食就在廟口擺攤賣扁食，創始者向一位來自大陸的福州人學習扁食的製作技巧，從此開始了花蓮扁食的啓航，從廟口小攤到現在我們看見的店面。

在這裡除了生的扁食之外，主角就是扁食湯，很簡單的一碗湯裡約莫10顆扁食，湯料平凡，一顆顆的扁食游在湯裡活像是一尾尾的金魚。扁食的皮薄滑嫩，肉餡吃起來口感鮮美，湯裡的一點芹菜綠意帶著油蔥的味道，這是濃濃的古早味。

▲ 花東縱谷國家風景區在1997年成立。由北到南可將此風景區分為「花蓮系統」、「玉里系統」和「台東系統」三大區域。著名景點有鯉魚潭、池南國家森林遊樂區、舞鶴石柱、玉里金針山、富里六十石山、紅葉溫泉、關山親水公園、鹿野高台、大陂池、利吉小黃山等。圖為玉里金針山。

花蓮扁食

份量 1人份

材　料

A 餡料

餛飩皮	10張
豬絞肉	200g
荸薺	30g
嫩薑	20g

B 湯料

豬高湯	400g
海苔絲	20g
雞蛋	1個
小白菜	1把
芹菜	20g

調味料

香油	適量
鹽巴	適量

做　法

餡料

1. 青江菜切絲川燙將水擠乾備用，荸薺（馬蹄）壓碎、薑切末備用。
2. 將豬絞肉與鹽巴攪拌出黏性後，再將做法1的材料攪拌均勻即為餡料。

1. 將餛飩皮包入15g的餡料整型好（扁食狀）(a)(b)，滾水煮熟即可備用。
2. 將雞蛋煎成蛋皮切絲、芹菜切末。
3. 將豬高湯煮至沸騰後，調好味道即可將扁食加入湯裡，再放入芹菜與海苔絲、蛋皮絲裝飾，最後淋上香油即成扁食湯。

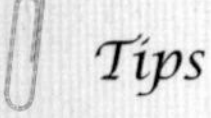

Tips

扁食包好之後，要注意水滾才入鍋，水未滾就下鍋扁食容易軟爛不Q。

(a)

(b)

關鍵操作 QR code

TOPIC 28 花蓮麻糬

▲ 林田山林場曾是台灣第四大林場，規模僅次於八仙山、阿里山及太平山等三大林場。現今此區已不再進行伐木，在林務局及在地文史工作者的共同努力下，保存了相當豐富的文化資源。

太魯閣、七星潭、花東縱谷、阿美族豐年祭，東部花蓮的好山好水好風景總是吸引遊客到此旅遊，這裡不僅僅是國內旅客假期的旅遊勝地，也是外國旅客必定造訪的台灣觀光勝地，而花蓮更是國際台灣旅遊十大目的地排名第二。

而最佳伴手禮往往就是「麻糬」，而手工現做的麻糬只保存置兩天，建議遊客在結束旅途前才購買，最好能現場享用。麻糬已經開發了很多口味，舉凡一般常見的紅豆、花生、芝麻、綠豆、椰子等，還有麻糬餅或是各式的系列禮盒。口味選擇很多，足以滿足各類型的饕客選擇。

數十年前一位老先生騎著腳踏車在花蓮的菜市場叫賣紅豆麻糬開始發跡，截至目前已經有多家連鎖店。如果到不了花蓮，又想品嘗麻糬的滋味，那就讓我們動手做吧!傳統的麻糬做法是以糯米打成米漿，製成的米漿團，進行揉捏成有彈性的麻糬，在現今的一般家庭中，研磨成米漿團的工時程序較複雜，超市即可買到糯米粉，透過自己手做，全家一起動員做這道點心，也是增加家人情感的好機會。

◀ 太魯閣天祥白楊步道，途中會經過水簾洞，山泉從隧道頂岩壁含水層傾洩而下，形成特殊水簾景觀。

▶ 花蓮松園別館，顧名思義濃密的松林是松園最大的特色，日本人當年在此地栽種約100多株的琉球松，但隨著風災影響，如今僅存32棵老松樹。

花蓮麻糬

材　料

A 漿團		沙拉油	30g	B 餡料	
糯米粉	300g	水	240g	紅豆沙	200g
砂糖	100g	熟麵粉	適量		

做　法

漿團（1個約15g）

1. 將所有材料混合拌勻成漿團狀，再分成一個約15g。
2. 紅豆沙餡料分成1個約10g(a)。
3. 將手拍上手粉，漿團包入內餡整型後(b)沾上手粉，即入蒸籠鍋蒸20分鐘即可完成。

(a)

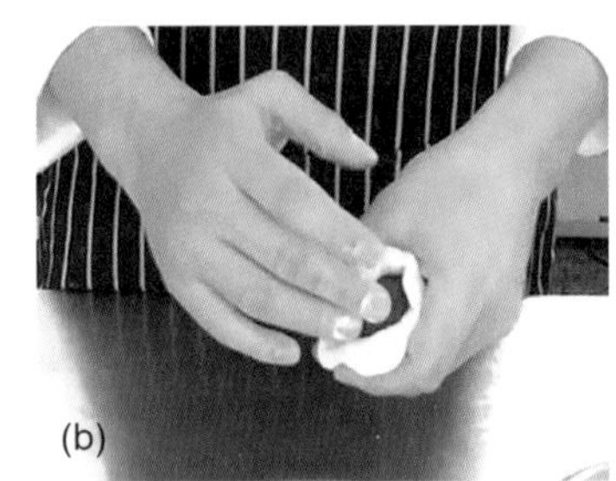
(b)

關鍵操作 QR code

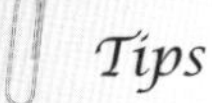
Tips

麻糬的內餡舉凡芝麻、綠豆沙等，都可以在市場買到，以變化口味。

TOPIC 29 台東東河肉包

▲ 有些景點它不必然是交通發達或是美食林立，但是怡然的自然風景卻依舊吸引遊客駐足，台東就是這樣的地方。

小時候跟著阿公阿嬤旅遊，在遊覽車上都會聽見，沈文程的一首歌「來去台東」，歌詞裡寫到：鯉魚山、石雨傘、三仙台、知本溫泉等，歌頌著台東自然美麗的山海風光。另一句更是貼切：鳳梨釋迦柴魚，好吃一大盤，洛神花紅茶，清涼透心肝。更是唱出台東各個代表物產！每次想起台東，腦袋都會聯想起這首歌，不由得一邊哼唱著。

旅途到台東，太麻里的第一道曙光點亮了每吋台東的天空，金針山花海一片耀眼的金色忘憂，隱約還能感覺舌尖上剛剛喝過洛神花的鮮紅酸甜。來自中央山脈的好水質孕育出花東縱谷裡純淨天然的池上米，知本溫泉解除了長程旅途的疲勞。近年來伯朗大道的金城武樹因為長榮航空的廣告，成為大家新興朝聖的打卡景點，台東鹿野熱氣球嘉年華更是燃起台東藍天白雲下的另一片繽紛視野。

到台東旅遊路經台11線，在路邊看見突然出現的車潮人潮，就知道東河包子到了。東河包子位於台東縣東河鄉東河村，已經展露了一甲子的飄香風華，無論北上花蓮或是南下要到台東市，長途跋涉經過包子店，整家店滿是飢餓的人們。包子輕巧容易攜帶，食用時方便啃食，傳統的經典口味：肉包、酸菜包、竹筍包，也有饅頭、黑糖饅頭；甜口味則有紅豆包、花生包，雖然口味不多元，各各是熟悉的好味道，大口咬下立刻能滿足嘴饞的人們。

▲ 台東嘉明湖是台灣高度第二高的高山湖泊，布農族人稱呼其為「月亮的鏡子」；又因其水色深藍如寶石，又有一稱「天使的眼淚」，是近年來著名的深山景點。

▲ 多良車站目前已廢站，但仍贏得超高人氣，吸引各方遊客前來，因為這裡是全台最接近大海的車站，與海洋幾乎只隔一座柵欄。

台東東河肉包

份量 1人份

材　料

A 餡料		B 調味料		C 麵團	
豬梅花肉	300g	醬油	10g	中筋麵粉	450g
豬肥油	100g	砂糖	10g	砂糖	30g
青蔥	20g	鹽巴	適量	即溶酵母粉	2g
嫩薑	20g	白胡椒粉	適量	泡打粉	2g
水	150g	香油	適量	水	200g
				沙拉油	適量
				蒸籠紙	1張

做　法

內餡

1. 將青蔥洗淨切成蔥花，嫩薑切末與水泡著（蔥薑水）備用。
2. 將豬梅花肉與肥油絞成泥，與鹽巴攪拌到黏性出來後，再加入醬油、砂糖、鹽巴、胡椒粉、香油攪拌均勻。
3. 再將蔥薑水慢慢倒入一直攪拌使內餡完全把水分吸收進去，即可放入冷藏1小時備用。

外皮製作

1. 取一個鋼盆倒入中筋麵粉、砂糖、即溶酵母粉、泡打粉攪拌均勻後，再將水緩緩倒入麵粉裡，慢慢揉製成團，再倒入適量的沙拉油揉製光滑，蓋保鮮膜鬆弛15分鐘。
2. 於檯面撒上薄薄的麵粉將麵團分割1個大約30～35g滾圓擀平（中間厚外面薄的麵皮）。
3. 將做法2內餡填入麵皮裡，拉邊邊的皮慢慢地把皮包緊後，再鬆弛15分鐘，即可入蒸籠中，大火蒸15分鐘左右至熟透即可。
4. 在蒸的時候蓋子不要全蓋，以免水氣太多使包子太溼。

Tip

蒸包子時，蒸鍋底部墊蒸籠紙大火入鍋蓋不要全蓋，以免水氣過多，底部也才不易溼爛。

後 記

從台灣小吃中得到的經驗與驚豔（傳統與創新）

2010年曾經在網路上票選台灣十大觀光夜市，台灣的美食與夜市，更是吸引外國觀光客到訪的重要元素，是外國人到台灣旅遊的必遊行程之一。台灣小吃在國際上頗負盛名，在國宴的菜餚呈現上，以往小吃被認為難登大雅之堂，現在卻已經成為了國宴主流，台灣在地食材與小吃的美味組合讓小吃成了國宴殿堂上的最佳男女主角。

有許多小吃不必跑到當地就吃得到，但是到了當地我們可以透過旅遊，除了走訪明媚的風景與人文的歷史之外，吃當地小吃更可以感受當地氣味，台灣小吃在每個地區充分表現獨特色彩，比如口味的展現上我們最常聽見人們說北部人口味較清淡，南部人口味都偏甜，確實在烹調時的調味料上我們可以看見些許口味的不同。

當我們從店家手裡接過一道佳餚，所謂的色香味俱全，皆由五官的五感神經來體會，我們的五官從眼睛開始感受了視覺，接著我們的鼻子不必用力呼吸，食物的香氣立即竄進鼻孔裡，瞬間引發了飢腸轆轆想要吃一口的動機，我們才會開始動手將美食送進口中，藉由口腔咀嚼，味蕾的每個細胞去感受這一切，最後在唇齒之間所有的每個悸動，都會好好收藏在記憶裡，因為那是一份收存於心裡的經典味道。

吃東西飽食一頓，我們會感覺到一份菜餚的溫度。哪怕是一碗熱呼呼發燙的湯，溫暖了我們的心肝脾肺腎；一碗冰涼的豆花，糖水沁涼不僅是消暑，更讓人從頭到腳都舒爽了起來!「烹調，是種溫度的表現」。做菜的人手心有溫度，透過用心的製作調理，濃情與愛就這麼無形中融進了菜餚裡，小吃的簡約樸實，有著濃濃的人情味，在地深耕的感動。

傳統的小吃我們耳熟能詳，那是種古老的味覺，是我們說的古早味！偶爾我們在商圈街頭會看見新穎改變傳統的創意小吃，以現代人熱愛嘗鮮的心理，不斷的求新求變則是消費者的消費取向，琳瑯滿目的各式口味，滿足人類口腹之慾，東方的味道融進了西方的思維，又或者是大民族的融合與異國風情，時至今日，世界已成為一個地球村，人民生活水準提升之後，許多的新口味新食感都逐漸誕生，人們對於口味的追求更有著更多新鮮的時代巨變。

本書所提到的地方小吃為各地代表，除了所列舉的這些項目外，大街小巷裡更是滿滿皆是，我們不難發現小吃到處都有，也不難發現夜市裡有新型態的小吃出現，本書僅以代表的29道在地美食呈現，實在無法突顯台灣地區所有的小吃，相信在每個人的心中都有一個屬於自己記憶中的美食，可能出現在孩提的時光媽媽帶著我們去巷口買紅豆餅，也可能是爸爸大手牽小手帶我們去吃圓仔冰，那是心裡一種無法抹滅的味道，小吃之所以迷人，並不是因為它平價，它真正親民的是因為多一份無可比擬的感情，它融進我們的心，穿越了時光隧道回到最真實的自己，無論是否回到家鄉都可以吃到屬於家鄉的一份想念。

本書以這29道在地小吃希望引發讀者更多屬於料理的美好想像，手做的樂趣所得到的成就感是種豐收的滿足，期待與筆者共同分享美食，未來若有機會更能以「環台COOK小小吃II」繼續與讀者交流對食物的情感與美味的印記。